23. 9. 1985

Konrad F. Springer

zum 60. Geburtstag

Herausgegeben von Dieter Czeschlik

Springer-Verlag
Berlin Heidelberg New York Tokyo

ISBN-13:978-3-642-64908-0   e-ISBN-13:978-3-642-61674-7
DOI: 10.1007/978-3-642-61674-7

· Reproduktion der Abbildungen: Gustav Dreher GmbH, Stuttgart
2108/3130-543210

Inhalt

Geleitwort

HEINZ GÖTZE

Sechsunddreißig Jahre verbinden uns, lieber Herr Springer – mehr als die Hälfte Ihres Lebens – Jahre, die Bekanntschaft zur Freundschaft reifen ließen – vertieft durch gemeinsame berufliche Aufgaben. Es fehlte dabei nicht die heitere Note, bei der uns die gemeinsame Zuneigung zu Christian Morgenstern nie im Stiche ließ. Wie jede richtige Freundschaft war sie nie bedingungslos, sondern erhärtet im Kampf um ein gemeinsames Ziel: den Fortbestand des von ihren Vätern übernommenen Verlagshauses. Der Wiederanfang nach dem Kriege war schwer, und wir diskutierten in jenen ersten Jahren unserer Bekanntschaft viel über die Zukunft der deutschen Wissenschaft und sahen voraus, daß ihre Sprache vorwiegend die englische sein würde. Diese Überzeugung führte letzten Endes zur Gründung des Springer-Verlages New York im Jahre 1964, um die ich jahrelang mit den damaligen Senioren unseres Hauses ringen mußte.

Sie haben sich in jenen Jahren den biologischen Studien in Zürich gewidmet, die Ihnen am Herzen lagen und die den festen Grund für Ihre spätere verlegerische Tätigkeit bereiteten. Zürich, überhaupt die Schweiz, ist Ihnen seither besonders vertraut geblieben, parallel zu jenen Bindungen, die Ihr Vater und Ihr Großvater zu Bern empfanden. Vor dieser Studienzeit in Zürich hatten Sie buchhändlerische Lehr- und Wanderjahre in London, München, Wien und New York absolviert. Jene Studienjahre in Zürich schienen mir für Sie besonders glücklich in vieler Hinsicht gewesen zu sein. Sie traten in eine offene Welt, in der Sie Bezugspunkte für Ihr weiteres privates und berufliches Leben fanden und festigten. Viele Ihrer späteren Autorenverbindungen haben ihre Wurzeln dort. Der Eintritt in den Verlag im Jahre 1963 fand Sie daher wohl vorbereitet, und sie haben im Bereiche der Biologie und der Erdwissenschaften in unserem Hause neue Ziele gesetzt. Sie haben insbesondere der Ökologie in einem weiteren, modernen Sinne Geltung verschafft. Überhaupt erkannten Sie frühzeitig viele interdisziplinäre Zusammenhänge im Bereiche der Biologie und der Naturwissenschaften und gaben ihnen Publikationsmöglichkeiten. Neue Zeitschriften sind im Laufe der Jahre von Ihnen

auf Ihren Arbeitsgebieten begründet worden und in vielen Fällen wurden bestehenden Zeitschriften neue Ziele gesetzt. Zu solcher verlegerischen Aktivität gehört die Begründung und Aufrechterhaltung von Autorenbeziehungen, die für uns stets auch persönliche Bindungen waren, wofür der vorliegende Band eine schönes Zeugnis ablegt. Der wissenschaftliche Eros kann sich nur in solcher Atmosphäre publizistisch voll entfalten. Sie haben aber auch den Respekt und die Zuneigung Ihrer Mitarbeiter gewonnen, die zweite Säule, die unser verlegerisches Tun trägt. Möge dies alles noch lange so bleiben und kein fremder Ton die Harmonien stören. Der loyalen Verbundenheit mit Ihren Mitarbeitern sind Sie in guten und in schlechten Tagen sicher. Zugleich im Namen all dieser

Ihr freundschaftlich verbundener Sozius

HEINZ GÖTZE

Zunächst war an die Schweiz gedacht...

Heinz Sarkowski

Ursprünglich hatte Julius Springer sich in Lausanne als Buchhändler selbständig machen wollen. Während seiner Gehilfenzeit in Zürich hatte er die Stadt am Genfer See kennengelernt und hier wegen der liberalen Gewerbeordnung eine günstige Wirkungsstätte zu finden gehofft. Der Plan zerschlug sich allerdings, und Springer kehrte Anfang 1840, aus Paris kommend, in seine Heimatstadt Berlin zurück.

Zunächst arbeitet er noch als Gehilfe bei der Buchhandlung Jonas, trifft gleichzeitig aber die erforderlichen Vorbereitungen, sich selbständig zu machen. Hierzu waren – neben der Beschaffung des notwendigen Kapitals und der Anmietung eines Geschäftslokals – insbesondere einige juristische Voraussetzungen zu schaffen.

Als erstes war eine „Concession zum selbständigen Betriebe des Buchhandels" zu beantragen. Die Urkunde hierüber wurde Springer am 21. Januar 1842 ausgestellt. Sie wird hier zum ersten Mal abgebildet, nachdem sie jahrzehntelang verschollen war. Neben der Verpflichtung, „die sein Geschäft betreffenden Censur-Gesetze und polizeilichen Verordnungen" zu befolgen, wird ihm der Erwerb des Bürgerrechts zur Auflage gemacht.

Daß Springer der Erwerb des Bürger-Briefs, der am 13. April 1842 ausgestellt wurde, nicht fraglich erschien, beweist der Umstand, daß er bereits am 20. März dem Buchhandel durch ein Circular die Absicht kund tat, in Berlin eine Buchhandlung „errichten und Mitte Mai eröffnen" zu wollen. Eine Adresse nannte er noch nicht. Dies unterließ er auch, als er seine Absicht ab dem 6. April 1842 mit Anzeigen im „Börsenblatt für den deutschen Buchhandel" bekanntgab.

Um ein vollberechtigtes Mitglied der Buchhändlergemeinschaft zu sein, trat Springer schließlich auch dem Börsenverein bei, was der Vorstand am 26. April 1842 gemäß einer Anzeige im Börsenblatt bestätigte. Vierzehn Tage später war es dann soweit: Am 10. Mai 1842, einem Dienstag, konnte Julius Springer endlich seine Buchhandlung nahe dem Schloß, in der Breiten Straße 10, eröffnen. Dies wurde acht Tage später „einem geehrten Publikum" sowie „Freunden und Bekannten" in der „Vossischen Zeitung" bekanntgegeben (s. unten). Welche Entwicklung hätte Julius Springer und das von ihm gegründete Unternehmen wohl genommen, wenn die Bedingungen in Lausanne nur *etwas* günstiger gewesen wären?

Buchhandlung von Julius Springer in Berlin,
breite Straße No. 20., Ecke der Scharrnstraße.
Berlin, den 10. Mai 1842

Einem geehrten Publikum, meinen Freunden und Bekannten insbesondere die ergebene Anzeige, daß ich meine seit längerer Zeit vorbereitete

Buchhandlung
für in- und ausländische Literatur
auf hiesigem Platze in der
breiten Str. No. 20, Ecke der Scharrnstraße,
am heutigen Tage eröffnet habe.

Ich erlaube mir, mein Lager von gebundenen und ungebundenen Büchern in allen Fächern und Sprachen, sowie von Landkarten, Atlassen 2c. bestens zu empfehlen.

Alle mir zukommenden schätzbaren Aufträge sowohl auf neuere als ältere Werke werde ich auf das Prompteste ausführen, das etwa nicht gleich auf meinem Lager Vorräthige auf das Schnellste anschaffen. Alle in den hiesigen wie auswärtigen Zeitungen angekündigten Bücher 2c. sind auch durch mich zu beziehen und nehme ich Pränumerationen und Subscriptionen zu gleichen Bedingungen, wie dort angezeigt, an.

Ich erlaube mir, schließlich noch darauf aufmerksam zu machen, daß ich mit den bedeutenderen Handlungen, welche außerhalb große antiquarische Lager halten und von denselben häufig Auktionen veranstalten, in direkter Verbindung stehe und deren Kataloge pünktlichst eingesandt erhalte. Dieselben stehen den geehrten Käufern älterer Werke gern zu Dienste.

Hochachtungsvoll ergebenst
Julius Springer.

Springer und unser Engagement in der Schweiz

Claus Michaletz

Lieber Herr Dr. Springer,

der Anlaß Ihres 60. Geburtstages ist es sicher wert, einmal die Geschichte
der Präsenz des Springer-Verlages bzw. seiner buchhändlerischen Aktivitäten in der Schweiz darzustellen. Damit hoffe ich, Ihnen eine besondere
Freude machen zu können, nachdem Sie doch persönlich so eng mit der
Schweiz verbunden sind, und – wenn man Sie manchmal, besonders wenn
Sie in der Schweiz sind, sprechen oder gar singen hört, was ja wohl nur
wenigen vergönnt ist – Sie wirklich auch ein Schweizer sein könnten.
Sie haben eine lange Zeit Ihres Studiums in der Schweiz, speziell in Zürich, verbracht und gehören den Sing-Studenten an, womit man sich eigentlich schon ein halbes Heimatrecht erworben haben müßte.
Dann folgten später die familiären Bindungen in die Schweiz, und sicher
hat alles dazu beigetragen, daß der Schweiz Ihre besondere Vorliebe gilt.
So ist über die Schweizer Grenzen hinaus bekanntgeworden, wie oft und
gerne Sie beim „Postjakob" in Schleitheim/SH eingekehrt sind und dabei
Ihren geliebten „Hallauer-Sunnechrätteli" getrunken haben. Auch haben
so viele schon Ihren Rat befolgt und sind davon überzeugt worden, daß
es nämlich in der Kronenhalle in Zürich die beste „Mousse au chocolat"
gäbe.
Ich will allerdings nun über die Entwicklung und das Engagement der
Springer-Unternehmen in der Schweiz berichten, die nicht zuletzt auch gerade durch Ihre Mitwirkung und Ihre wohlwollende Unterstützung zustande kamen und mitgeprägt wurden.
Natürlich war der Springer-Verlag mit seinen Büchern und Zeitschriften
schon praktisch seit seiner Gründung auch in der Schweiz präsent durch
den Verkauf über Schweizer Buchhändler an die Endabnehmer. Dies geschah durch die buchhändlerischen Vertriebswege entweder direkt vom
Verlag über die Buchhändler an den Kunden oder über eine Verlagsauslieferung in der Schweiz, die aber nicht in eigener Regie stand, und bei der
die Schweizer Buchhändler einkauften. Mit eigenen Niederlassungen oder
Tochtergesellschaften dagegen war der Springer-Verlag bis in die 70er
Jahre dieses Jahrhunderts in der Schweiz nicht direkt vertreten.
Die letzte Verlagsauslieferung für den Springer-Verlag besorgte bis 1974
die Firma von Frau Gloor-Vonesch, der Verlag für Wissenschaft, Technik
und Industrie AG in Basel, die diese Auslieferung als wesentlichen Be-
standteil ihres Geschäfts betrieb und zum Schluß nur noch für den Springer-Verlag arbeitete.
Im Jahre 1973 war es dann soweit, daß sich einerseits der Springer-Verlag
in der Schweiz nach neuen, eigenen Engagements umsah, andererseits aber

auch konkrete Anfragen auf ihn zukamen. So entwickelte sich der Plan,
die Buchhandlung Freihofer in Zürich zu übernehmen und in eigener Regie zu führen, was dann auch realisiert wurde.

Am selben Platz, an dem auch heute noch das Hauptgeschäft der Freihofer AG liegt, nämlich in der Universitätsstraße 11 in Zürich, hat diese
Buchhandlung früher schon gestanden und ist vermutlich auch dort gegründet worden. Sie hieß früher Buchhandlung Oberstrass. Der Laden
war von der Fensterfläche her nur halb so groß wie heute, die andere
Hälfte der Ladenfläche Liegenschaft Universitätsstraße 11 war an einen
Gemüsehändler vermietet. Der alte Laden war klein, ein eiserner Kanonen-
ofen im Inneren dominierte.

So fanden das Ehepaar Hans und Veronika Freihofer diese Buchhandlung
vor, als sie sie von der früheren Besitzerin, Fräulein S. Launer, zum
1. April 1955 käuflich erwarben. Im damaligen Kaufvertrag, der bei unseren Akten liegt, wurde besonders erwähnt, daß zum Mobiliar auch eine
ältere „Erika"-Schreibmaschine gehöre. Wir haben dieses Museumsstück
leider nicht mehr zu sehen bekommen.

Das Bild 1 zeigt die Ansicht der Buchhandlung 1955 kurz nach der Übernahme durch die Freihofers, wodurch sich der offizielle Name der Buchhandlung veränderte und sie seither auch Freihofer hieß.

Im Laufe der Jahre erweiterten die Freihofers ihre Firma, indem sie ein
weiteres Ladengeschäft an der Rämistraße 37, nicht weit entfernt von der
berühmten Kronenhalle, übernahmen und dort eine Buchhandlung für
Medizin und später die „Humana" für Psychologie betrieben (s. Bild 2).
Als ihnen diese Ausweitung dann offensichtlich zuviel wurde, verkauften
sie den Laden an der Universitätsstraße 11 im Jahre 1967 an Herrn
Hölzle, der den Namen weiterführen durfte, die Firma aber später in die
Freihofer AG umwandelte, wo er sich in Absprache mit den Freihofers
auf die Naturwissenschaften und Technik konzentrierte.

Bild 1

Bild 2

12

Diese Situation fanden wir 1973 vor: die Herrn Hölzle gehörende Buchhandlung Freihofer AG an der Universitätsstraße 11 und die weiterhin im Besitz von Herrn Hans Freihofer geführte Buchhandlung der Medizin und Psychologie an der Rämistraße 37.
Herr Hölzle, selbst ohne Kinder, wollte sich vorzeitig zur Ruhe setzen oder sich anderen Dingen widmen, zum Beispiel seinen früher getätigten Bankgeschäften, wie er sagte, und so klopfte er 1973 beim Hause Springer an, ob hier nicht Interesse bestehen könnte, seine Buchhandlung Freihofer AG zu übernehmen.
Mein erster Besuch in Zürich zum Zwecke eines ersten Meinungsaustausches in dieser Sache erfolgte am 15. November 1973. Lange, durch die besonders hartnäckige Art des Herrn Hölze relativ schwierige, aber schließlich von Erfolg gekrönte Verhandlungen folgten. Zum 1. Januar 1975 erwarb der Springer-Verlag, genauer gesagt, die als Muttergesellschaft fungierende Buchhandlung Lange & Springer in Berlin, die Aktien der Freihofer AG in Zürich und führt seitdem die Buchhandlung in eigener Regie. Ein Geschäftsführer war auch bald gefunden, noch durch die Vermittlung von Herrn Hölzle, und so trat Herr Rainer Gösken als erster Geschäftsführer der springereigenen Firma in Zürich, nach einer kurzen Einarbeitungszeit Ende 1974 zusammen mit Herrn Hölzle, zum 1.1.1975 seine Dienste an. Da wir als „Springer“-Buchhandlung nur ungern auf die Medizin verzichten wollten und uns die zweite Freihofer-Medizin-Buchhandlung in der Rämistraße 37 noch nicht gehörte, mußten wir sogleich investieren und das erste Geschoß der Universitätsstraße 11 für eine Medizin-Abteilung ausbauen und, einschließlich eines repräsentativen Lagers, neu einrichten.
Eine zweite, sehr wichtige Entscheidung wurde sogleich getroffen. Nachdem nun der Springer-Verlag durch die Freihofer AG direkt in der Schweiz vertreten war und die Freihofer AG ohnehin schon das Auslieferungsgeschäft für einige Verlage betreute, lag es nahe, auch die Springer-Auslieferung, die bis dahin bei Frau Gloor in Basel war, der Freihofer AG in eigener Regie zu übertragen. Dies war sicher für Frau Gloor, die so viele Jahre treu und gewissenhaft unsere Auslieferung betreute, ein schwerer Schlag; andererseits war sie selbst zu diesem Zeitpunkt bereits in einem hohen Alter und befaßte sich ohnehin mit dem Gedanken der Übergabe ihres Geschäftes an ihre Tochter, Frau Kaufmann. Diese übernahm dann auch in der Tat den versandbuchhändlerischen Teil der Firma von Frau Gloor und führt bis heute noch eine Reihe Handbuchaufträge für uns aus. Die Springer-Auslieferung dagegen wurde 1975 von der Freihofer AG übernommen.
Doch es vergingen nur wenige Monate, bis sich bereits eine Art von „Wiedervereinigung“ der Freihofers anbahnte. Auch Hans Freihofer, der Inhaber der Buchhandlung an der Rämistraße 37 und Namensträger, überlegte, sich aus dem Buchhandelsgeschäft zurückzuziehen und sich künftig seinen speziellen Interessen auf dem Gebiet der Psychotherapie zu widmen. Offenbar angeregt durch den Verkauf an der Universitätsstraße 11 durch Herrn Hölzle an uns und wohl in der Meinung, damit wahrscheinlich günstiger zu fahren, als, wie es anfangs hieß, die Buch-

handlung an seinen ersten Sortimenter, Herrn Frei, zu übergeben, wandte
er sich ebenfalls an uns, mit der Absicht, seine Buchhandlung „bestmög-
lichst" an uns zu verkaufen.
Obwohl Zürich seit der Übernahme der Freihofer AG an der Universitätsstraße 11 ohnehin ein häufiges Ziel meiner Reisen war, reiste ich nun
wiederum im Februar 1975 in besonderer Mission nach Zürich, um die
ersten Gespräche mit Herrn Freihofer persönlich zu führen. Ich erinnere
mich, daß dies zunächst auf ganz neutralem Boden geschah, nämlich im
Café am Kunsthaus, denn wiederum durfte ja zunächst niemand davon
wissen. Auch diese Verhandlungen gestalteten sich nicht weniger schwierig, obwohl es nun schon ein Vorbild durch den Vertrag über die Freihofer AG gab, aber vielleicht lag dies auch an der besonderen psycholo-
gischen Vorbildung des Verkäufers. Mit Hilfe unseres Beraters und An-
walts, Herrn Dr. Hans Niederer – dessen Mitwirkung und Berechnung seines Honorars bei der Muttergesellschaft uns noch bei der letzten Steuer-
prüfung in Berlin Kopfzerbrechen machte, die praktisch erst 1984 endgültig ausgeräumt waren – und nach vielen Verhandlungen teils in Zürich,
teils in Frankfurt und anderen Orten kam schließlich der Vertrag im Dezember 1975 zustande, und wir konnten die Buchhandlung an der Rämistraße 37 zum 1.1.1976 übernehmen. Die bisherige Einzelfirma von
Hans Freihofer wurde in die bereits uns gehörende Freihofer AG inte-
griert.
Nun begann der Prozeß der Zusammenführung, der Neuorganisation und
auch der Bereinigung der Lager, insbesondere im Medizinbereich, denn
verständlicherweise gab es bei bisher zwei völlig getrennten Unternehmun-
gen nun nach der Zusammenführung viele Doppelgleisigkeiten, die berei-
nigt werden mußten. Die Konsequenz war, daß die gesamte Verwaltung
der neuen, nun vergrößerten Freihofer AG, die Auslieferung mit Lager
und das Finanzwesen in neu angemietete Räume in den Granitweg 2 zo-
gen. In der Universitätsstraße 11 blieb das Ladengeschäft mit den Bereichen Naturwissenschaften und der vorher schon neu eingerichteten Medizin, in der Rämistraße 37 die bisherige Buchhandlung für Medizin und die
Humana mit der Psychologie.
Zum 1. Januar 1981 gab es eine neue Erweiterung, indem ein kleines weiteres Ladengeschäft im Institut Juventus (einer Privatschule) übernommen
wurde, wo fast ausschließlich im Barverkauf den Bedürfnissen der Schüler
und Lehrerschaft der Schule entsprochen werden konnte.
Unser eigenes Engagement in der Schweiz, so erfreulich der bisherige Be-
richt vielleicht aussieht, wurde aber sehr rasch durch die Entwicklung ge-
trübt und beeinflußt und mußte sich gleich großen Problemen stellen, die
alle in die Zukunft projektierten Pläne und Berechnungen über die
Wiedereinbringung der Investition aus Erträgen und die Rückzahlung der
aufgenommenen Darlehen zunichte machten. Die Gründungen von Studentenbuchhandlungen, sowohl der sogenannten „Wilden", die ohne irgendeine Abstimmung erfolgten, als auch die sogar von Verbandsseite
mehr oder weniger akzeptierte und mehr genossenschaftlich organisierte
Buchhandlung im Polytechnikum (Poly-Buchhandlung genannt), machte
der Freihofer AG und auch allen anderen wissenschaftlichen Buchhand-

lungen schwer zu schaffen. Dies vollzog sich zu allererst in Zürich, doch traten später diese Buchhandlungen auch in Bern und anderen Universitätsstädten in der Schweiz auf.

Diese Buchhandlungen erhielten von den Universitäten, also in öffentlichen Einrichtungen, praktisch kostenlos Räume zur Verfügung gestellt, haben nur zu bestimmten Zeiten am Tag geöffnet, unterhalten kein Sortimentslager, sondern konzentrieren sich im wesentlichen auf die Lehrbücher, werden personalmäßig durch Studenten ohne buchhändlerische Ausbildung getragen und verkaufen, was das eigentliche Problem ist, die Bücher mit einem erheblichen Rabatt (bis zu 15–20%) an die Endabnehmer. Dabei nützen sie günstige Einkaufsquellen zum Teil direkt in Deutschland aus – die bis heute noch nicht endgültig aufgeklärt sind – unter Ausnutzung des Abzugs der Mehrwertsteuer und eines eigenen Währungskurses, ohne sich an den offiziellen Kurs des Verbandes zu halten.

In der Folge dieser Entwicklung kam es zu Uneinigkeiten und Streitigkeiten im Schweizerischen Buchhändler- und Verlegerverband; die wissenschaftlichen Buchhändler, jedenfalls einige von ihnen, gründeten einen eigenen Verband der wissenschaftlichen Buchhandlungen (VWB), um ihre Interessen zu wahren und handelten sozusagen einen Kompromiß aus in Form eines mit den Verlagen abgestimmten Lehrbuchkatalogs, dessen darin enthaltenen Bücher nun auch offiziell in den Buchhandlungen mit einem Rabatt von 10% an die sich ausweisenden Studenten verkauft werden konnten.

Trotzdem konnte der Erfolg der Studentenbuchhandlungen und der damit zusammenhängende Verlust eines großen Teils insbesondere des Barumsatzes in den Läden nicht aufgehalten werden.

Hinzu kamen zu dieser Zeit erhebliche Probleme mit den Bibliotheken, insbesondere im Zeitschriftensektor, bedingt zum Teil durch die Entwicklung des Wechselkurses des Schweizer Franken im Verhältnis zum US-Dollar, so daß in vermehrtem Maße Bibliotheken direkt in den USA einkauften. Dies veranlaßte die Freihofer AG, in enger Kooperation mit Lange & Springer in Berlin und der Minerva in Wien ein eigenes Purchase-Office in New York zu gründen und aufzubauen, um ebenfalls die Vorzüge des Direkteinkaufes und der schnelleren Belieferung der Kunden zu nutzen. Dies führte 1977 zur Gründung der Freihofer AG, Inc. in New York.

Aber auch diese Initiative war zunächst nicht sehr erfolgreich und vor allen Dingen sehr kostenintensiv, so daß zusätzliche Belastungen auf die Freihofer AG zukamen.

Schließlich führten auch gerade diese Aktivitäten der Freihofer AG sowie eine durch den damaligen Geschäftsführer praktizierte zum Teil aggressive, an der Grenze des Vertretbaren liegende Verkaufspolitik zu erheblichen Animositäten bei den Schweizer Buchhändlern, die als Folge davon wiederum die Auslieferungen der Freihofer AG boykottierten und zum Direktbezug bei den Verlagen, insbesondere auch beim Springer-Verlag, übergingen, was wiederum Umsatzverluste brachte.

Nimmt man noch hinzu, daß die in erster Linie auf Umsatzzuwachs ausgerichtete Politik mit Rabatt-Zugeständnissen u.ä. dazu führte, daß in

erheblichem Maße die Rentabilität beeinträchtigt wurde, und schließt man
noch einige weitere auch organisatorische und den Personal- und Finanz-
sektor berührende Schwächen der damaligen Geschäftsführung mit den
sich daraus ergebenden Problemen und Schwierigkeiten ein, so kann man
mit Recht feststellen, daß die Jahre von 1976 bis 1981 eine echte Durst-
strecke für die Freihofer AG waren.

Wir haben aber immer an die Freihofer AG und ihre Möglichkeiten, ihre
Rolle in der Schweiz geglaubt. Eine Buchhandlung dieser Größenordnung,
mit diesem Umsatz und diesem Verbreitungsgebiet mußte rentabel zu führen sein.

Eine Re- und Neuorganisation war aber notwendig, das Vertrauen der
Kunden mußte wieder aufgebaut werden, die Ladengeschäfte mußten akti-
viert werden, der Auslieferungsbereich mußte seine Rolle wieder wie früher erhalten und schließlich mußten wesentliche und organisatorische personelle Verbesserungen durchgeführt werden.

Man kann die Wende und den Neubeginn mit dem Datum des Eintritts
von Herrn Bürgin als neuen Geschäftsführer der Freihofer AG zusam-
menbringen, der am 1.1.1982 Herrn Gösken ablöste, nachdem Frau Wolf
aus Berlin als Interregnum für ca. 6 Monate die laufenden Geschäfte in
Zürich wahrgenommen hatte.

Inzwischen war die Verwaltung der Freihofer AG in die Weinberg-
straße 109 umgezogen, und auch die ersten Ansätze zur Reorganisation
und Einführung der EDV nach einer entsprechenden Durchleuchtung und
Analyse durch die für den Buchhandel spezialisierte Betriebsberaterin,
Frau Schwarzner, hatten begonnen.

Seit 1982 begann bei der Freihofer AG eine Phase der Neustrukturierung
und einer erfolgreichen Aufwärtsentwicklung, die inzwischen zu Ergebnissen führen, die wir schon damals bei der Übernahme projektiert hatten,

Bild 3

16

Bild 4 und 5

die leider wegen der geschilderten Umstände zunächst nicht eintraten. Zur personellen Reorganisation gehörte auch die Neubesetzung des Leiters für den Bereich der Auslieferungen und Zeitschriften durch Herrn Ferdinand Koller ab 1984, der Herrn Jansen ablöste. Zusammen mit Frau Fröhlich, die schon seit 1976 durch alle Schwierigkeiten hinweg die Finanzen und den kaufmännischen Bereich mit großer Umsicht und Gründlichkeit leitete, bilden diese beiden leitenden Mitarbeiter zusammen mit dem Geschäftsführer, Herrn Bürgin, die erweiterte Geschäftsleitung, in der im Teamwork alle Probleme und Aspekte des Gesamtunternehmens besprochen und beraten werden. Auch an vielen anderen Positionen waren Neubesetzungen notwendig.

Erwähnt wurde bereits die Notwendigkeit der Reaktivierung der Läden. Dies führte 1982 zu einem weiteren Um- und Ausbau des Ladens in der Universitätsstraße 11, einschließlich der Neugestaltung der Fassade und der Schaufenster mit Blick in den Laden, die auf den Bildern 3 und 4 zu sehen sind. Einen Eindruck von der Neugestaltung im Inneren mit dem neuen Aufgang in die Abteilung Naturwissenschaften und Technik gibt Bild 5. Auch in der Rämistraße 37 begann ein erster Ansatz zur Neuorientierung durch die Neugestaltung der Fassade und kleinere Verbesserungen im Inneren des Ladens, doch steht hier der wesentliche Innenausbau noch bevor, der 1985 realisiert werden soll.

Dringend notwendig war die Wiederherstellung des Vertrauens bei den Buchhandlungen der Schweiz als Kunden der Auslieferungen und die organisatorische Neuordnung des Service und der Abwicklung des Auslieferungs- wie des Zeitschriften-Geschäftes.

Unter der umsichtigen und fachkundigen Leitung von Herrn Koller und der Persönlichkeit von Herrn Bürgin, der im Schweizer Buchhandels- und Verlagswesen großes Vertrauen genießt, konnte dies erreicht werden, und

so werden heute außer den Werken des Springer-Verlags auch die der
Verlage Bibliographisches Institut Wissenschaft, Perimed, Gustav Fischer,
Teubner, Oldenburg und Werner zur vollsten Zufriedenheit der Kunden
ausgeliefert.
Parallel erfolgte die sukzessive Einführung der EDV unter Verwendung
eines in Deutschland entwickelten Software-Paketes für Buchhandlungen
(Binfos), das auch bei der Minerva in Wien bereits erfolgreich eingesetzt
ist. Der Zeitschriften-Sektor ist bereits umgestellt und das System arbeitet
erfolgreich. Im Jahr 1985 folgen die Auslieferungen und das Bestellwesen
und parallel dazu schließlich der gesamte Buchhaltungs- und Finanzbe-
reich.
So kann man wohl heute sagen, daß die Firma Freihofer AG zu einem
gesunden, attraktiven und ihre Aufgabe voll erfüllenden Buchhandels-
Unternehmen in der Schweiz zählt, das auf ihrem Gebiet und als reine
wissenschaftliche Buchhandlung wohl das größte ihrer Art in diesem Land
ist. Das Engagement hat sich gelohnt, auch wenn die Entwicklung länger
als erwartet gedauert hat.
Wir können inzwischen stolz auf unsere „Tochter" in der Schweiz sein.
Den aktuellsten Stand der Freihofer AG per 31.12.1984 in Stichworten,
sozusagen als „Steckbrief", möchte ich als Anhang beifügen.
Wie es weitergeht, lieber Herr Dr. Springer, bleibt offen. Die Entwicklung
bei Freihofer ist nun wohl gesichert, auch wenn es natürlich einer ständi-
gen und intensiven Betreuung und Mitführung durch den Verwaltungsrat,
dem Sie angehören, bedarf.
Weitere Möglichkeiten im verlegerischen und buchhändlerischen Bereich
in der Schweiz bahnten sich an, auch wenn diese leider nicht zum Erfolg
führten. Sie wissen, was ich meine.
Verlegerische Aktivitäten selbst neu aufzubauen ist sicher möglich unter
Nutzung der organisatorischen Basisstruktur von Freihofer. Andererseits
ist zu bedenken, ob durch unsere so hervorragend ausgebauten Planungs-
Abteilungen in Heidelberg nicht die Betreuung schweizer Autoren und der
Universitäten ebenso wahrgenommen werden kann.
So bleibt abzuwarten, wo sich gegebenenfalls neue Ansätze ergeben, doch
glaube ich, wir können uns bereits mit dem vorhandenen Unternehmen,
der Freihofer AG, in der Schweiz sehen lassen und wir können damit sehr
zufrieden sein.
Lieber Herr Dr. Springer, ich hoffe sehr, Ihnen mit dieser Darstellung der
Entwicklung unseres Engagements in der Schweiz eine kleine Freude zu
Ihrem 60. Geburtstag gemacht zu haben, und ich schließe mit allen guten
Wünschen für Sie persönlich,

herzlich Ihr

C. Michaletz

Firma und Anschrift:	Freihofer AG, Zürich, Weinbergstraße 109
Betriebsstätten:	Weinbergstraße 109: Geschäftsleitung – Auslieferung und Auslieferungslager – Bestellwesen, Fakturierung, Spedition, Buchhaltung und Finanzwesen Universitätsstraße 11: – Sortimentsbuchhandlung über 3 Stockwerke: *EG und 1. OG:* Naturwissenschaften, Technik, Informatik, Wirtschaftswissenschaften *UG:* Medizin Rämistraße 37: – Sortimentsbuchhandlung *EG:* Medizin und Humana, mit Psychologie, Pädagogik, Soziologie u.a. Lager Straße 45: – Institut Juventus Ladengeschäft, Schulbedarf des Instituts
Hauptaktivitäten:	a) Sortimentsbuchhandlungen in drei Läden vorwiegend auf den wissenschaftlichen Gebieten b) Auslieferung Wissenschaft: Auslieferung an das Schweizer Sortiment für die Verlage: Springer · Wi-Wissenschaft · Perimed · Gustav Fischer · Teubner · Oldenburg und Werner c) Zeitschriften-Auslieferung an Buchhandlungen und Private mit entsprechendem Service
Geschäftsleitung:	Herr Gottfried Bürgin, Geschäftsführer Frau Alice Fröhlich, Prokuristin Leiterin Finanzwesen und kaufmännisches Rechnungswesen Herr Ferdinand Koller, Prokurist Leiter Auslieferung und Zeitschriften
Mitarbeiter:	43 Mitarbeiterinnen und Mitarbeiter einschließlich der Geschäftsleitung
Umsatz:	10.190.000 sfr. davon 5.006.000 sfr. Sortimentsbuchhandel 2.542.000 sfr. Auslieferungen Bücher 2.642.000 sfr. Zeitschriften
Kapital:	1.750.000 sfr. Aktienkapital
Verwaltungsrat:	Herr Dr. Heinz Götze, Präsident Herr Dr. Konrad F. Springer, Delegierter Herr Dr. Hans Niederer, Vizepräsident Herr Claus Michaletz Herr Professor Dr. Alexis Labhart Herr Professor Dr. Benno Eckmann } Mitglieder Herr Professor Dr. Rolf Nöthiger
Treuhandfirma bzw. *Kontrollstelle:*	Fides Revision vertreten durch Herrn Markus Angst

Dr. Konrad F. Springer
und der Springer-Verlag Wien

W. Schwabl

Ich glaube, es war im Oktober 1952, als ich Konrad Springer zum ersten Mal traf. Er hatte eben seine verlegerische Grundausbildung in Berlin, Heidelberg und München hinter sich gebracht und sollte nun in die höheren Ebenen des Verlagsgeschäfts eingeführt werden. Was lag da näher, als daß ihn sein Vater zum Wiener Springer-Verlag schickte, der in Struktur und Programm dem deutschen Stammhaus in etwa entsprach, aber doch klein und überschaubar genug war, um die besten Voraussetzungen für diesen Zweck zu bieten. Leiter des Wiener Verlages war damals Herr Otto Lange. Er begrüßte Konrad Springer bei dessen Ankunft in Wien herzlich und beauftragte mich, ihn während seines Wiener Aufenthalts im Verlag zu betreuen. Ich war damals für die Werbung – heute heißt es eleganter „Wissenschaftliche Information" – zuständig. Wenn es sich darum handelt, die einem Verlagsprogramm zugrunde liegenden Gedankengänge, kurz die Verlagspolitik, kennenzulernen, ist die Arbeit in einer Werbe- und Dokumentationsabteilung sicher aufschlußreich. So war es durchaus verständlich, daß Konrad Springer zunächst in der Werbeabteilung mit mir zusammen arbeiten sollte.

Ein künftiger Verlagsleiter muß vieles lernen. So kam ich auf die Idee, Konrad F. Springer vorzuschlagen, sich u.a. mit dem Urheber- und Verlagsrecht vertraut zu machen. Mein Vorschlag wurde nicht gerade mit Begeisterung aufgenommen. Es zeigte sich, daß Konrad Springer von Anfang an eigene Vorstellungen von seinem Arbeits- und Studiumprogramm hatte. Schon damals wurde manifest, daß sein Hauptinteresse der Wissenschaft selbst und den Wissenschaftlern galt, die er als Autoren oder Herausgeber von Buchreihen und Zeitschriften gewinnen wollte. So hatte er im Laufe der Jahre besonders auf den Gebieten der Biologie, der Mineralogie und verwandter Naturwissenschaften Kenntnisse über Entwicklungen und Personen erworben, die seine Gesprächspartner immer wieder erstaunen lassen. Als interessanter junger Mann und Mitglied der berühmten Verlegerdynastie aus Deutschland hat er in den Kreisen der Wiener Gesellschaft bald Aufnahme gefunden. Er hat in dieser Zeit Freundschaften geschlossen, die er bis heute pflegt. Wien litt damals noch unter den Nachwehen des Krieges. Es war vierfach besetzt. Der Gemeindebezirk „Innere Stadt", wo sich der Verlag befand (und auch heute noch befindet), unterstand im monatlichen Wechsel der amerika-

nischen, britischen, französischen und russischen Besatzungsbehörde. Post aus dem Ausland wurde zensuriert. Während sich in Westösterreich schon ein gewisser Wiederaufbau regte, war in Wien noch relativ wenig davon zu spüren, war es doch von der russischen Besatzungszone Niederösterreich umgeben und der Staatsvertrag noch lange nicht in Sicht. Natürlich gab es noch recht wenige Autos. Aber es tat dem Vergnügen der jungen Leute keinen Abbruch, wenn man zum „Heurigen" mit der Straßenbahn fahren mußte. So hat Konrad F. Springer in Wien eine gute Zeit verlebt, an die er gerne zurückdenkt. Mit Wien und mit dem Wiener Verlagshaus fühle er sich besonders verbunden, hat er mir immer wieder versichert. Er hielt sich in Wien über ein Jahr auf, und am 20. Dezember 1953 schrieb Otto Lange an Dr. Ferdinand Springer: „Heute nimmt Ihr Sohn Konrad von Wien Abschied. Ich habe das Gefühl, daß es ihm nicht ganz leicht fällt...".
Wie mir Herr Otto Lange sagte, war ursprünglich nicht daran gedacht, daß Konrad F. Springer ein spezielles akademisches Studium absolvieren sollte. Ein solches war ja keine unbedingte Voraussetzung für eine leitende Tätigkeit im Verlag. Konrad F. Springer jedoch wollte studieren und hat dann auch

Abb. 2. Gedenktafel für den Chirurgen Prof. A. v. Eiselsberg, der 1924 Ferdinand Springer bat, die „Wiener Klinische Wochenschrift" in den Springer-Verlag zu übernehmen, was den Anlaß zur Gründung eines eigenen Springer-Verlages Wien gab. Die Gedenktafel befindet sich rechts neben dem Eingang ins Verlagshaus

Abb. 1. Das Verlagshaus Springer Wien, I, Mölkerbastei 5

an der Universität Zürich promoviert. Ich erinnere mich an einen Besuch in Zürich, bei dem er mir seinen Arbeitsplatz im chemischen Laboratorium, wo es in gläsernen Apparaturen brodelte, zeigte. Seine Kontakte mit dem Wiener Verlagshaus wurden wieder enger, als ich 1967 als Nachfolger Otto Langes Leiter des Springer-Verlags Wien wurde und Konrad F. Springer von Heidelberg aus die Wiener Geschäftsführung mitbestimmte. Es entsprach seiner Grundhaltung, daß er in die Führung des Wiener Verlags kaum eingriff, an der Planung neuer Projekte und der Reform von Zeitschriften jedoch lebhaften Anteil nahm und entsprechende Direktiven erteilte. So bereiste ich Anfang 1970 die Vereinigten Staaten, um im Einvernehmen mit ihm die Internationalisierung und Modernisierung verschiedener Wiener Zeitschriften und Buchreihen voranzutreiben, aber auch seine eigenen Heidelberger Projekte zu vertreten.

Heute erklären etablierte Politiker mehr oder weniger unisono, daß sie schon lange, bevor eine „grüne" Bewegung entstand, von der Wichtigkeit der Umweltprobleme überzeugt gewesen wären. Wenn nicht bei allen, so sind in dieser Hinsicht zumindest bei vielen eher Zweifel am Platz. Konrad F. Springer als Politiker hätte hier sicher keine Beweisschwierigkeiten. Schon vor einem Vierteljahrhundert erkannte er die große Bedeutung der Ökologie und förderte mit Nachdruck schon damals wissenschaftliche Publikationen auf diesem Gebiet. Als ich mich 1970 im Universitätsdreieck Chapel Hill, Duke University und Raleigh in North Carolina aufhielt,

22

beauftragte er mich im besonderen, mit maßgeblichen Wissenschaftlern die Entwicklungen in der Ökologie zu erörtern und sinnvolle Publikationsmöglichkeiten zu erkunden. Heute kann Konrad F. Springer auf ein stolzes Ergebnis verweisen: Schon 1970 erschien erstmals im Springer-Verlag Berlin/Heidelberg die Buchreihe „Ecological Studies", von der bis heute über 50 Bände herausgekommen sind. Auch die internationale Zeitschrift „Oecologia" ist seine Schöpfung.

Eine Reihe von Zeitschriften, die im Wiener Springer-Verlag erscheinen, konnten schon vor 30 Jahren auf eine große und weit zurückreichende Tradition verweisen. Dieser konnten sie sich zwar rühmen, auf Dauer aber nicht von ihr leben. Die Forschung entwickelt sich rasant weiter, und ihre Publikationsorgane dürfen dabei nicht zurückbleiben. Die Bewältigung der daraus für Verleger resultierenden Aufgabe ist nicht leicht, denn oft müssen nicht nur neue kompetente Herausgeber gefunden und Widerstände altbewährter Mitarbeiter überwunden werden, auch das Verlagsprogramm selbst muß auf die neuen Strömungen Rücksicht nehmen und sich auf sie einstellen. Eine echte Internationalisierung und die damit verbundene Einführung der englischen Sprache als Publikationssprache wurden zur Notwendigkeit. Ein Schulbeispiel hierfür war die „Österreichische Botanische Zeitschrift". Gegründet 1874, war sie eine der ältesten wissenschaftlichen botanischen Zeitschriften über-

haupt und erschien seit 1927 im Springer-Verlag Wien. Wissenschaftler von internationalem Rang hatten zu ihren Herausgebern gehört, aber schließlich war die Zeit gekommen, sie gründlich zu reformieren und ihr eine Nische in der internationalen spezialisierten Wissenschaftspublizistik zu schaffen. Konrad F. Springer erwog verschiedene Möglichkeiten, u.a. auch, sie in eine Zeitschrift für „Mikrobielle Ökologie" umzuwandeln. Diese Idee mußte aber dann fallengelassen werden. Schließlich kristallisierte sich als Nachfolgerin die Zeitschrift „Plant Systematics and Evolution" heraus, die von einem internationalen Editorial Board mit dem Managing Editor Prof. Ehrendorfer, Vorstand des Botanischen Instituts der Universität Wien, herausgegeben und in einer Weise bis heute geführt wird, die den aktuellen Erfordernissen entspricht. An dieser erfolgreichen Aktion hat Konrad F. Springer einen wesentlichen Anteil gehabt.

1926 hatte Prof. Friedl Weber in Graz die Zeitschrift „Protoplasma" als „Internationale Zeitschrift für die Physikalische Chemie des Protoplasten" – für die damalige Zeit eine Pioniertat – gegründet; das Journal wurde vom Springer-Verlag Wien übernommen. In den folgenden 50 Jahren entwickelte sich die Zellforschung explosionsartig, und bei den Bemühungen des Verlags, die Zeitschrift auf einem international anerkannten Niveau zu halten, hat Konrad F. Springer mit Rat und Tat mitgewirkt, – ist doch die Biologie sein unmittelbares Interessengebiet.

Wer Konrad F. Springer kennt, weiß, daß er ein Mineraliensammler von hohen Graden ist. Als ich ihn vor Jahren einmal in seinem Heidelberger Heim besuchte, durfte ich die zahlreichen Stücke bewundern, die sich an allen möglichen Stellen des Hauses dem Auge boten. Ich war sehr beeindruckt und dachte unwillkürlich an die Tatsache, daß sich der Staub besonders gern auf solchen Objekten niederläßt, was die Begeisterung der Hausfrau und ihrer Hilfen einigermaßen beeinträchtigt haben dürfte. Dieses sein Hobby ist eine glückliche Ergänzung zu seiner verlegerischen Tätigkeit auf dem Gebiet der wissenschaftlichen Mineralogie. Zahlreiche Publikationen und die Gründung mineralogischer Zeitschriften gehen auf sein Konto.

Konrad F. Springer hat als Verleger Bedeutendes geleistet und seinen Mitarbeitern viele Anregungen gegeben. Er hat in seiner Arbeit auch dann nicht nachgelassen, als sein Gesundheitszustand ihm größere Schonung geboten hätte. Was ihn aber ebenso auszeichnet wie die Erfolge seiner verlegerischen Tätigkeit und sein umfangreiches Wissen, ist seine persönliche Liebenswürdigkeit als Mensch, die noch jeder erfahren hat, der mit ihm in näheren Kontakt gekommen ist.

W. SCHWABL

Begegnungen

Günter Holtz

Er galt als zorniger junger Mann,
als wir uns um die Jahreswende
1951/52 zum erstenmal begegneten.
Wir trafen uns auf dem Dachboden
des damaligen Berliner Verlagsge-
bäudes am Reichpietschufer, wo die
Werbeabteilung unter den Schwin-
gen des Abteilungsleiters und Pro-
kuristen Willi Wolf, genannt Wiwo,
nistete. „Nisten", das hätte der
wortreiche Willi Wolf, dessen Bon-
mots jahrelang stehende Redensar-
ten im Springer-Verlag waren, wohl
nicht als angemessene Beschreibung
seiner Arbeitswelt hingenommen,
aber heute würde man allenfalls
einige Schwalbennester oder winter-
schlafende Fledermäuse in diesem
Gewirr von Dachbalken, Säulen
und Streben vorfinden. Noch heute
bin ich ein wenig stolz darauf, damals ein gern gesehener Gast in
diesem äußerlich so unwirtlichen
Teil des Hauses gewesen zu sein,
wo sich nur selten andere Kollegen
hinverirrten, um der Werbeabteilung bei ihrem munteren Treiben
zuzuschauen. Da wurden Prospekte
aus Anzeigen und Anzeigen oder
Titelverzeichnisse aus Prospekten
ausgeschnitten und immer wieder
neu zusammengeklebt, mit dem
neuen Druckverfahren *Klein-Offset*
vervielfältigt um von den aufblü-
henden Aktivitäten des Springer-
Verlags gebührende Kunde zu geben. Kosten durfte das aber nicht
viel.

Bei einem dieser Besuche traf ich in
einer Ecke dieses Dachbodens Konrad Springer. Niemand hatte daran
gedacht uns vorzustellen und er
holte es selbst, nicht ohne Würde,
nach: „Ich bin Springer."
Ich bin nicht sicher, ob er schon zu
dieser Zeit dort schneidend und
klebend tätig war, um die Werbung
des Springer-Verlages von der Pike
auf zu erlernen oder, gleich mir,
nur Refugium suchte vor den strengen Blicken und Belehrungen der
um sein Wohl besorgten älteren
Mitarbeiter.
Als Konrad Springer 1955 wieder
nach Berlin zurückkam, um in der
Werbeabteilung zu arbeiten, hatte
sich das Szenarium erheblich verän-
dert. Es war die große Zeit der viel-
bändigen medizinischen und naturwissenschaftlichen Handbücher, die
mit umfangreichen, zum Teil stark
bebilderten Prospekten und feinge-
gliederten Sachinformationen ange-
kündigt wurden. Die ersten Beiträge, ja ganze Bände, in englischer
Sprache im „Handbuch der Physik" und im „Handbuch der Pflanzenphysiologie" erschienen soeben
oder waren in Vorbereitung.

Konrad Springer war gerade von
einem längeren Ausbildungsaufent-
halt aus den USA zurückgekommen und begierig, seine Erfahrungen und Ideen in dieser Situation
anzuwenden. Wenn ich mich recht
entsinne, stammten die ersten
McGraw-Hill- und Wiley-Pro-
spekte, die ich nach dem Krieg zu
sehen bekam, aus seiner mitge-
brachten Sammlung, mit deren
Hilfe er darzustellen suchte, wie un-
zulänglich die Werbung des Springer-Verlages immer noch sei.
Es muß sehr enttäuschend für ihn
gewesen sein, bei den entscheidenden Senioren des Verlages wenig
Beifall für diese Bemühungen zu
finden. Seine Forderung, in großem
Umfang – auch für deutsche Bücher – in englischer Sprache zu
werben, stieß auf erhebliche, nicht
zuletzt ideologische Widerstände.
Sein großer Traum war schon damals ein Springer-Verlag in Amerika. Aber davon mochte selbst ich
nichts hören, der ich ja dann, fast
ein Jahrzehnt später, an der Verwirklichung dieser Idee mitwirken
durfte.
Wir sind uns in dieser Zeit nicht
sehr häufig begegnet, und die Eindrücke, die ich über sein Wirken
hatte, stammen wohl teilweise aus
den zeitgenössischen Kommentaren
Dritter, die ich heute nicht mehr
befragen kann. Ich habe versucht,
meine eigenen Erinnerungen zu
verifizieren und bin dabei auf einige
recht nachhaltige Wirkungen seiner
damaligen Tätigkeit gestoßen. So
dürfte er der Urheber des „Auto-
renfragebogens" sein, mit dem jeder Autor des Springer-Verlages
um werblich verwertbare Informationen zur Person, zum Inhalt und
der Zielsetzung seines Werkes gebeten wird. Die Einführung war zu

jener Zeit recht umstritten, weil
man glaubte, dem Autor solche
Fragen nicht zumuten zu dürfen.
Die von Konrad Springer vorgeleg-
ten amerikanischen Beispiele führten schließlich zu einer anfangs vor-
sichtigen, bald aber sehr konse-
quenten Einführung dieses wichtigen Informationsmittels.
Auch in der Sprachenfrage gab es
trotz aller kontroverser Diskussionen schon damals einen dauerhaften Durchbruch. Unter seiner entscheidenden Mitwirkung entstand
die erste *Titel-Information,* die jeweils eine Anzahl neuer deutsch-
sprachiger Bücher eines bestimmten
Fachbereichs in englischer Sprache
vorstellte. Zielgruppe dieses Infor-
mationsdienstes, der in dieser oder
ähnlicher Form jahrelang fortge-
setzt wurde, waren vor allem Bi-
bliothekare in der Englisch spre-
chenden Welt.
Zum Abschluß dieser Erinnerungen
unserer frühen Begegnungen fällt
mir ein kleines Ereignis ein, das mir
unerwartet seinen persönlichen Beifall eintrug.
Ein besonders widerborstiger Mitarbeiter meiner damaligen Abteilung, früher Lehrer oder Sportleh-
rer von Konrad Springer, trieb, auf
seine Familienkontakte vertrauend
und damit prahlend, seine Unver-
schämtheiten so weit, daß ich ihn
eines Tages fristlos hinauswarf.
Keine schützende Hand erhob sich
für ihn, und der Anschein von
Unabhängigkeit bei diesem Akt
mag Konrad Springer beeindruckt
haben.

Als er bald darauf zur Universität
Zürich zurückkehrte um sein nach
Kriegsende begonnenes Studium
fortzusetzen, verloren sich seine
Spuren für uns. Wollte man gelegentlichen Gerüchten glauben, so
tendierte er eher zu wissenschaftlicher Arbeit als zu einer Tätigkeit
im Verlag.
Um die Jahreswende 1963/64 trafen
wir uns dann wieder in Berlin.
Dr. Konrad F. Springer, promoviert mit einer Arbeit aus der Pflanzenphysiologie, war Mitinhaber des
Springer-Verlages und seiner
Schwesternfirmen J.F. Bergmann
Verlag und Lange u. Springer geworden und sammelte nun erste
Eindrücke über die Welt, die er
künftig mit seinem Vater Dr. Ferdinand Springer und Dr. Heinz
Götze regieren sollte.
Es war keine einfache Situation für
ihn, und er fand nicht das wohlge-
machte Bett, das der Außenste-
hende oft fälschlich dem Unterneh-
mersohn bereitet glaubt. Zwar waren die Springerfirmen aus den
gröbsten Problemen der Nachkriegszeit heraus, unsere Produktion wurde auch im Ausland
freundlich, wenn auch noch nicht
ausreichend, aufgenommen und
Springer war ein geachteter Name
in der Welt der Wissenschaft und
Bücher.
Aber Dr. Konrad F. Springer
mußte erst einmal seinen Platz in
diesem Organismus finden. Niemand hatte auf ihn gewartet, um
ihm bisher unerledigte Arbeiten
übertragen zu können, und auch
die Fachgebiete Biologie und Erdwissenschaften, denen er sich dann
planend mit großem Einsatz wid-
mete, waren erst einmal – so schien
es jedenfalls damals – wohlbesetzt.

Neue Aktivitäten, die er in diesen
Fächern entfaltete, wurden – Inhaber oder nicht – erst einmal kritisch
betrachtet und nicht selten verris-
sen. Ich empfand sein Vorgehen als
sehr behutsam, taktvoll und darauf
gerichtet, Mitarbeit zu gewinnen
und nicht Entscheidungen zu er-
zwingen. Das zeigte sich besonders
deutlich an jenem Projekt, das ihm
seit den Fünfzigerjahren so sehr am
Herzen lag: Springer-Verlag in
Amerika.
Ich war gerade von meiner ersten
oder zweiten Erkundungsreise
durch die USA zurückgekommen
und nun überzeugt, daß die Gründung einer amerikanischen Tochter-
firma eine reale Möglichkeit war.
Durchführbar war dieses Unternehmen aber nur, wenn es gelang, den
im wesentlichen entscheidenden Senioren Dr. Ferdinand Springer und
Senator Otto Lange aus Wien alle
Aspekte dieses Vorhabens *sine ira
et studio* mit allen relevanten wirt-
schaftlichen und unternehmenspoliti-
schen Details vorzustellen. Jede
emotionale Demonstration oder un-
ziemliches Drängen hätte die anfängliche Skepsis der alten Herren
in eine frühe Ablehnung verwan-
delt. Dr. Konrad F. Springer muß
damals oft über seinen Schatten ge-
sprungen sein, wenn er Dr. Götze
und mich zwar vielfach mit nütz-
lichen Informationen und Anregungen bedachte, in den Beratungen
selbst aber eine kühl abwägende
Haltung bewahrte.

Er war einer der ersten Besucher bald nach der Gründung von Springer-Verlag New York im Oktober 1964, und die bescheidenen Verhältnisse, in denen er mich und meine drei Mitarbeiter in einem Einraumbüro des Flatiron Buildings vorfand, dämpften nicht im mindesten die Erwartungen, die er hegte. Schon bei diesem ersten Besuch breitete er eine Vielzahl von Planungen vor mir aus, die er nun, gestützt auf Springer-Verlag New York, mit amerikanischen Autoren realisieren wollte. Es blieb mir gar keine Wahl als ihn auf die von ihm mitgefaßten Beschlüsse auf die vorerst sehr eng begrenzten Aktivitäten und vor allem den äußerst bescheidenen finanziellen Spielraum der kleinen amerikanischen Firma zu verweisen und meine Mitarbeit, vorsichtig gesagt, in Frage zu stellen.

Er blinzelte mir freundlich zu, wir saßen beim Abendessen in einem heute nicht mehr bestehenden Steak-Restaurant an der „lower Westside" und schien meine Ablehnung weder sonderlich ernst oder gar übel zu nehmen.

In den frühen Jahren des New Yorker Hauses haben wir viele solcher Gespräche geführt, in denen ich häufig, ja meistens, der Bremser war. Aus einiger Distanz darauf zurückschauend, finde ich es verwunderlich, daß sich daraus niemals ein persönlicher Antagonismus zwischen uns entwickelte, sondern unser Verhältnis immer vertrauter, ja fast freundschaftlich wurde.

Es gab dann später, als die Ärmlichkeit von Springer-Verlag New York nicht mehr in allen Fällen als Bremse brauchbar war, natürlich auch gelegentlich Differenzen über die Aussichten oder die Art der Realisierung einzelner Projekte. Über manche haben wir stundenlang diskutiert, und oft war das ein Thema mit Variationen beim nächsten Besuch. Nie habe ich es aber in all diesen Jahren enger Zusammenarbeit erlebt, daß er sich auf seine Autorität und unbestreitbare Entscheidungsfreiheit als Inhaber berufen hätte. Das ist nicht sein Stil.

Zwar gab es zwei oder drei Vorhaben, für deren Scheitern er mich jahrelang verantwortlich machte, aber das geschah nicht Rechenschaft fordernd, sondern manchmal betrübt, meist aber scherzend. Dabei spielte sein brillantes Gedächtnis eine besondere Rolle. Noch nach Jahren konnte er sich an den Wortlaut eines Gesprächs erinnern, das mir entfallen war oder von dem ich nur noch vage Vorstellungen hatte. Die peinlichen Momente, die mir dieses phänomenale Gedächtnis gelegentlich bereitete, stehen aber in keinem Verhältnis zu der Bewunderung, die ich und andere dafür empfinden. Mit wachsendem Staunen beobachteten wir, daß er nicht nur viele Details der akademischen Vita von Autoren und möglichen Beratern im Kopf hatte, sondern häufig auch genaue Kenntnisse ihrer wissenschaftlich-literarischen Produktion, ihrer Publikationsorgane, ja einstiger Neigungen oder literarischer Pläne bereithielt.

Diese Dinge kamen oft so spontan und außerhalb jedes vorhersehbaren Zusammenhanges zum Ausdruck, daß es absurd wäre anzunehmen, es handle sich um sorgfältig recherchierte und abgestellte Informationen für ein bestimmtes Gespräch. Es war ein Phänomen, und einigemale habe ich ihn gefragt: „Wie machen Sie das?" Er schien an dieser Gedächtnisleistung gar nichts besonderes zu finden, blinzelte und meinte, er interessiere sich eben für solche Dinge. Im übrigen erinnere ich mich, daß von seinem Vater, Dr. Ferdinand Springer, Ähnliches berichtet wurde. Alte Mitarbeiter des Springer-Verlages, deren Erfahrungen weit in die Vorkriegszeit zurückreichten, haben bewundernd davon zu mir gesprochen.

Dieses Gedächtnis von Dr. Konrad F. Springer macht meine Bemühungen, Begegnungen zwischen uns im Verlauf von über dreißig Jahren zu schildern so schwierig, denn immer muß ich befürchten, daß seine Erinnerungen so viel präziser sind als die meinen und er manchen Anlaß zu Korrekturen finden könnte.

In einem allerdings hoffe ich, daß unsere Erinnerungen im Wesentlichen übereinstimmen. Das sind die vielen freundschaftlichen Begegnungen zwischen ihm und meiner Familie in unserem romantischen Haus in New Canaan. Bei seinen meisten USA-Besuchen verbrachte er einen Abend oder auch ein Wochenende bei uns. Meist waren sie als Arbeitsbesuche geplant, und wir beide schleppten dicke Aktenkoffer mit Vorgängen, die einer Besprechung bedurften, dazu mit. Nicht selten blieben diese Koffer ungeöffnet und Dr. Springer rollte mit Kindern und Hunden in wilde

Spiele vertieft vorm Kaminfeuer
auf dem Fußboden herum. In der
Familie geht immer noch die Geschichte um, wie er einmal beim
Abendessen so ungehemmt über etwas lachte, dazu mit dem nicht sehr
stabilen nachgemachten Antik-
Stuhl wackelte, daß wir jeden Moment befürchteten, ihn in die Glas-
tür zur Porch direkt hinter ihm fal-
len zu sehen. Gottlob blieb dies
ihm und uns erspart.
Genau so gehört aber auch zu meinem Bild von ihm, daß er manchmal, von einer Idee besessen, fast
unansprechbar war. Dann schlief
das Gespräch, wenn überhaupt
eines zustande kam, ein und ließ
sich auch mit rhethorischen An-
strengungen nicht wieder erwecken,
weil er mit seinen Gedanken ganz
woanders war. Unvermittelt ging er
zum Telefon um einen Autor, Berater oder Mitarbeiter anzurufen.
Dem einen Anruf folgten weitere,
manchmal stundenlang, um die
Klärung oder Ausformung eines
verlegerischen Problems bemüht,
das ihn besetzt hielt.
Unser Telefon stand in der Küche
mit einer Art Barhocker als einzig
möglicher Sitzgelegenheit, was die
Sache für ihn wie auch die Familie
recht unbequem machte. Diese
Buch-Projekte, bei deren Entste-
hungen ich ein unfreiwilliger Zeuge
war, habe ich manchmal später
wiedererkannt, gerne das meine zu
ihrem Gelingen beigetragen und
nachträglich Dr. Springer von dem
Unbehagen, das er uns in diesen
Stunden bereitet hatte, exkulpiert.
Wir wußten nie, wie solch ein Besuch bei uns zu Hause ablaufen
würde, aber im Ganzen haben wir
in diesen Stunden neben all dem

Spaßigen und gelegentlich auch Be-
drückenden, doch auch eine Menge
Nützliches und für den Verlag Not-
wendiges erledigt. In der Erinnerung meiner Frau überwiegen
Fachgespräche bis tief in die Nacht
hinein, von denen sie sich dann
leise zurückzog.
Nach meiner Rückkehr aus Amerika nahm zwar die Häufigkeit unserer Begegnungen zu, unser Verhältnis wurde aber viel förmlicher
und weniger spontan als bei Ar-
beitsessen in New York oder seinen
Besuchen in New Canaan. Das lag
sicherlich z.T. daran, daß wir uns
nun meist in größeren Zirkeln trafen. In ungezählten Direktionssit-
zungen habe ich an seiner linken
Seite gesessen, nachdem sich das
angangs zufällig so ergeben hatte.
Ein kleiner Rest unserer Intimität
war unser gemeinsamer Zitaten-
schatz aus Ringelnatz-Gedichten.
Sein Repertoire war wesentlich grö-
ßer als das meine – kein Wunder
bei seinem Gedächtnis – und gelegentlich pflegten wir uns im Verlauf
solcher Konferenzen ein paar mehr
oder weniger passende Zeilen zuzu-
flüstern.
Ich glaube, er mochte solche Sitzungen auch nicht und empfand sie
als störende Unterbrechung seiner
eigentlichen Arbeit. Insbesonders
organisatorische Fragen, aber auch
wirtschaftliche Probleme, die natürlich häufig im Gewand von struk-
turellen oder organisatorischen
Darstellungen auftreten, schienen
ihn nur mäßig zu interessieren. Ein
neues Heft einer von ihm begründeten oder betreuten Zeitschrift, das
auf dem Bücherbord des Konfe-
renzzimmers lag, fand oft seine
stärkere Beachtung als die von seinem Sekretariat bereitgestellten Berichte und Vorlagen.

Aus größerer Distanz zu meinem
Berufsleben gestehe ich gerne, daß
seine gelegentliche Mißachtung des
Rituals derartiger Konferenzen für
mich – und nicht nur für mich –
sehr erfrischend war. Leider kann
ich ihm das erst heute sagen.
Seine geringen Neigungen, an ri-
tuellen Abläufen mitzuwirken, fand
ich auch bei größeren geselligen
Veranstaltungen bestätigt, die,
wenn wir gemeinsam daran teilnah-
men, fast immer einen geschäftlichen oder beruflichen Hintergrund
hatten. Nur selten erweckte er bei
solchen Veranstaltungen den Eindruck heiterer, zweckfreier Geselligkeit, und immer wieder gelang es
ihm dann, aus dem Kreis der nur
Heiteren Partner für ein intensives
Einzelgespräch zu finden, das die
Erwählten nachhaltig beeindruckte.
Noch nach Jahren, wenn sich eigentlich niemand mehr an den Anlaß der Geselligkeit erinnerte, haben solche Partner den Reichtum
dieses Gesprächs und die Brillanz
des Initiators gerühmt.
Diese Erinnerungen überlesend,
finde ich bestätigt, was ich eigentlich schon vor der Niederschrift
wußte: daß es mir nicht gelingen
würde, hierin auch nur annähernd
der Persönlichkeit Konrad F.
Springers nahezukommen.
Aus diesem Grund habe ich prinzi-
pielle Zweifel an der Möglichkeit
aber auch an der Zulässigkeit des
Versuches, einen Zeitgenossen darzustellen. In diesem Fall kommen
zu den prinzipiellen Bedenken aber
noch spezifische hinzu: Unsere Be-

gegnungen, wenn sie auch über mehr als drei Jahrzehnte hinwegreichen, haben sich doch fast ausschließlich im beruflichen Bereich abgespielt, der sicherlich für Konrad F. Springer sehr wichtig war, aber nicht sein ganzes Leben darstellt.

Wenn mancher Weggefährte, Freund, Bewunderer in dieser Schilderung ein paar Züge wiedererkennt, die der eigenen Erinnerung entsprechen, so will ich wohl zufrieden sein, sie niedergeschrieben zu haben. Glücklich wäre ich, wenn der Laudatus sich von mir recht verstanden fühlte, auch wenn sein besseres Gedächtnis manchmal das meine korrigieren wird.

GÜNTER HOLTZ

Dr. Konrad F. Springer in USA – damals und heute

Jolanda L. von Hagen

Wirtschaftliche, technologische und soziale Entwicklungen in Europa in den letzten 20 bis 30 Jahren haben dazu beigetragen, daß die Vereinigten Staaten von Amerika nicht mehr – so sehr – als das große, fremde, weit weg gelegene Wunderland gesehen werden. Entfernung und Reise sind letzlich durch die Concorde fast zum Tagesausflug geworden.

Vor mehr als 20 Jahren war es aber noch eine richtige Reise, wenn einer auszog, um in U.S.A. sein Handwerk auszuüben oder zu erlernen, wie es dort anders gemacht wird. Sie, lieber Herr Dr. Springer, haben sich auch auf diesen Weg gemacht. Und noch heute erinnert man sich gerne bei McGraw-Hill an den Sohn des großen Verlegers aus der alten Welt, der auch ein Verleger werden wollte. In vielen Gesprächen berichten alte, inzwischen auch meine Ex-McGraw-Hill Kollegen wie z.B. Ed Booker, Mead Stone oder Ty Hicks darüber, wie Sie durch die Hallen des „green monsters" gelaufen sind. Deshalb war es für mich besonders schön, dies mit dem Guru der amerikanischen STM-Verlagswelt Curtis Benjamin wenige Tage vor dessen Tod im November 1983 nachvollziehen zu können. Auch war es ein Erlebnis, im Oktober 1984 den Freund aus Ihrer damaligen Village-Wohngemeinschaft kennenzulernen und den Erzählungen gemeinsamer Erinnerungen zuzuhören.

In der Zeit haben Sie wahrscheinlich selbst noch nicht ermessen können, welch großen Einfluß U.S.A. auf Ihre und die Tätigkeit des Verlages haben würde.

So bald danach schon aber sollte es sich ändern. Es war bekannt, daß die nach dem zweiten Weltkrieg verlagerte Konzentration der Wissenschaften in die U.S.A. auch den Springer-Verlag dorthin ziehen müßte.

Heute erscheint es deshalb natürlich, daß die Entscheidung der damaligen Verlagsleitung und die Aktivitäten, insbesondere auch von Herrn Dr. Götze und Herrn Holtz, zur Gründung des Springer-Verlag New York Inc. geführt haben.

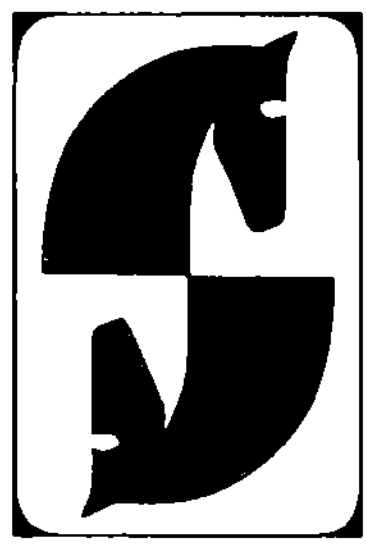

Während viele von uns wie Mäuse an den Problemen genagt und sie versucht haben auch zu lösen, sind Sie bei Ihren dann häufigen, regelmäßigen Besuchen in U.S.A. mit weiten Schritten durchs Land gezogen. Es galt ja nicht nur, alte Autorenverbindungen aufrechtzuerhalten oder wieder neu herzustellen, sondern vor allem auch neue Autoren und Herausgeber in der Welt junger Wissenschaftler in den U.S.A. zu gewinnen. Sehr schnell hat man dann dort Neigung und Beruf als Berufung erkannt und viele Kontakte sind dadurch entstanden, daß Sie für diese neuen Autoren ein sachkundiger Gesprächspartner waren. So festigte sich z.B. die schon von Herrn Dr. Götze bestehende Verbindung zu Herrn Prof. Francis Gunther und Mrs. Jane Gunther durch Sie zu einer ganz engen Zusammenarbeit.

Es ist sicher nicht übertrieben, Herrn Prof. Gunther den „Godfather" der Verlagsprogramme in „Pesticides" und „Environmental Contamination and Toxicology" zu nennen. Die damals begonnenen Reihen und neu begründeten Zeitschriften haben nicht nur zu einer dauerhaften Freundschaft zwischen Ihnen und den Gunther's geführt, sondern auch dem Verlag Erfolg und eine wichtige Stellung auf diesem Gebiet weltweit verschafft.

Was nach außen sichtbar mit einer so fröhlichen Leichtigkeit geschah, war ganz sicher mit großer Mühe, Ausdauer und Überzeugungskraft verbunden. So berichtet man, daß Sie anläßlich eines Kongresses in Seattle über Berg und Insel Olympia wandernd mit Dr. Olson eine Reihe gegründet haben – war es „Ecological Studies"?

Ob bei einem Spaziergang in
Seattle, bei einer Geology Confer-
ence in Mexico City oder einem
Seminar in Woods Hole, Sie waren
unermüdlich auf der Suche nach
den besten Autoren und Herausgebern in den wichtigsten Gebieten
im weitesten Sinne – hauptsächlich
in der Biologie und Geologie.
Wenn ich die Jahre an mir vorbei-
ziehen lasse und in unserem Ge-
samtverzeichnis blättere, erscheinen
Namen, die man nur im Zusammenhang mit Ihnen sehen kann.
Prof. Peter Wyllie, unter anderem
Herausgeber von „Minerals and
Rocks"; Prof. Maas, langjähriger
Freund und Mitherausgeber von
„Molecular and General Genetics";
der inzwischen leider verstorbene
Prof. Zimmermann, einer der nam-
haftesten Pflanzen-Physiologen und
neben vielem Mitherausgeber unse-
rer „Encyclopedia of Plant Physio-
logy"; Dr. David Ross, der meh-
rere Titel mit Ihnen publizierte und
Ihr ständiger Berater in „Marine
Geology, Geophysics and Ocean
Policies" ist; Prof. Wenk, Heraus-
geber von „Electron Microscopy in
Mineralogy"; Prof. Raymond, der
Ihr Berater in Biochemistry and
Chemistry ist.

Mögen Sie und alle Autoren,
Freunde, Herausgeber und Berater
mir nachsehen, daß Vollständigkeit
fehlt und weder Wichtigkeit noch

Photographs by courtesy of Axel Deus

Reihenfolge stimmen. es ist eine „at random recollection" einer Zeit, in der ständig etwas und meistens viel passierte; so viel, daß Sie schon bald Hilfe im New Yorker Verlag brauchten. Heute sind von New York und Heidelberg aus Planer tätig, die mithelfen, die von Ihnen geknüpften Verbindungen zu pflegen und den von Ihnen vorgezeigten Richtungen zu folgen.

Wir, und insbesondere wir im Springer-Verlag New York, schauen auf 20 Jahre zurück, die ein Stück bewegte Verlagsgeschichte sind. Sie haben sie mit bewegt und geprägt.
Und wie die Kollegen bei McGraw-Hill vorausgesagt hatten – der Sohn des großen Verlegers ist ein großer Verleger geworden.

Der Springer-Verlag New York und alle Mitarbeiter dort grüßen Sie, lieber Herr Dr. Springer, herzlich – von uns allen für Sie –

– HAPPY BIRTHDAY –

Ihre

JOLANDA L. VON HAGEN

Herausgeber unter sich – ein Briefwechsel

HANSJOCHEM AUTRUM
München, FRG

WALTER HEILIGENBERG
La Jolla, CA

„So böse ist kein Hund (Herausgeber),
daß er nicht zuweilen mit dem Schwanz
wedelte" (Sprichwort)

Wie Petrus den Eingang zum Himmel, so bewachen Herausgeber den Zugang zu Zeitschriften. Zunächst schicken sie die Manuskripte durch das
Fegefeuer der Referenten. Diese erläutern den Wert und registrieren die
Sünden der Autoren. Läßliche Sünden können durch die Buße einer Revi-
sion erlassen werden, schwere führen zur Ablehnung. Soweit sieht das einfach aus. Aber: Autoren (und Referenten) sind Menschen: oft ist der Umgang mit ihnen nicht leicht, und mancher Autor sieht die Herausgeber als
Cerberusse an, die den in die Unterwelt der abgelehnten Manuskripte ver-
bannten Autor auch nach „Besserung" nicht in das Paradies der Veröffentlichung lassen. Das wiederum macht den Herausgebern Kummer,
und sie suchen sachliche und menschliche Hilfe bei ihren Mitherausge-
bern. Und eines erschwert die Aufgabe der Editoren noch dazu: Im Gegensatz zum Himmel ist in einer Zeitschrift der Platz beschränkt. So müssen Herausgeber sich nicht selten über die Meinungen der Referenten und
darüber einigen, was weiterhin zu tun sei. Dieses zuweilen recht mühsame
Geschäft erleichtern sie sich (hinter dem Rücken der Autoren!) durch einen delightful humor, der ihnen das Leben erträglich macht und, wenn
von beiden Seiten geübt, Einigkeit und Freundschaft begründet und be-
wahrt.
So ist der folgende Briefwechsel zwischen den Hauptherausgebern des
Journal of Comparative Physiology entstanden. Beide Editoren danken
Herrn Dr. Konrad F. Springer, daß er ihnen das 1924 (als Zeitschrift für
Vergleichende Physiologie) gegründete Journal of Comparative Physiology
anvertraut und sein Erscheinen nicht nur wohlwollend, sondern freundschaftlich begleitet und gefördert hat.

HANSJOCHEM AUTRUM

WALTER HEILIGENBERG

12. März 1981

Lieber Herr Heiligenberg,

diesmal komme ich mit einer Frage und Bitte, die Sie vielleicht etwas verwundern wird. Kurz: Ich möchte Sie fragen, ob Sie bereit sind, als Editor beim Journal of Comparative Physiology mitzuwirken. Das bedeutet für Sie: Sie bekommen (wahrscheinlich vorwiegend, wenn nicht ausschließlich, aus den USA) Manuskripte. Der Herausgeber schickt sie dann in der Regel an zwei referees (mit den üblichen Formularen), macht sich aufgrund der comments ein Bild von dem Wert des Ms, fordert den (die) Autor(en) auf, das Ms zu revidieren, indem er ihnen die comments mitschickt, oder er lehnt das Ms ab. Für die Ablehnung können verschiedene Gründe maßgeblich sein: Entweder die Qualität der Arbeit, oder daß sie nicht in das Journal paßt oder daß wir keinen genügenden Platz haben. Es ist *nicht* Ihre Sache als Editor, den Stil zu verbessern, die Orthographie zu korrigieren, die Referenzen zu überprüfen, kurz all das Kleinzeug zu machen, das zum Copy editing gehört. Das machen wir hier, bzw. der Verlag.

Selbstverständlich ersetzt Ihnen der Verlag sämtliche Porto- und Telephonkosten und die Arbeit einer Sekretärin (die er nach aufgewendeten Stunden bezahlt).

Bisher haben Prosser und Capranica als US-Editoren sehr gut mitgearbeitet. Prosser möchte aber schrittweise diese Arbeit abgeben, seit er emeritiert ist; und Capranica ist seit längerem ernsthaft krank. Beide sind gern bereit, Sie zu beraten; und beide haben Sie vorgeschlagen. Außerdem können Sie mir alle Ms, bei denen Sie Zweifel haben, einfach schicken, vor allem solche, bei denen die in Frage kommenden referees in Europa sind. Ihre eigenen Ms würden Sie wie bisher an mich schicken, damit die Objektivität gewahrt bleibt.

Ich würde mich sehr freuen, wenn Sie mitarbeiten würden. Da Sie mir schrieben, daß Sie in nächster Zeit nach München kommen, könnten wir direkt über alle Fragen sprechen.

Mit den besten Grüßen Ihr   H.A.

30. März 1981

Lieber Herr Heiligenberg,

Ihr Besuch war ein Genuß und ich denke mit Vergnügen an ihn.
Eins habe ich vergessen: Ich glaube, es ist aus kollegialen Gründen nötig, daß Sie mit Prosser und Capranica sprechen, bevor Sie eventuell Konishi nach seiner Mitarbeit fragen. Wenn beide einverstanden sind, habe ich nichts gegen Konishi; nur muß man ihm klar machen, daß er papers nicht allein dann ablehnt, wenn sie nicht streng „comparative" sind. Im Grunde ist das Journal seit seiner Gründung durch von Frisch und Kühn offen für alle Arbeiten aus der Animal Physiology. Nur vor „General Physiology" sollten wir uns hüten.
An den Springer-Verlag habe ich geschrieben. Sie werden in Kürze eine Einladung, d.h. ein offizielles Schreiben bekommen.

Mit herzlichen Grüßen Ihr   H.A.

36

April 2, 1981

Sehr geehrter Herr Professor Heiligenberg,

wie ich von Herrn Prof. Autrum zu meiner großen Freude höre, sind Sie bereit, im Rahmen des Editorial Board verantwortlich an der Herausgabe der Section A mitzuwirken. Ich danke Ihnen vielmals für Ihre Zusage und Ihre Bereitschaft zur aktiven und kritischen Mitarbeit. Darf ich Sie auch von seiten des Verlages herzlich willkommen heißen.
Wir hoffen sehr, daß der Zeitschrift nicht nur gute Arbeiten aus Ihrem Umkreis zufließen werden, sondern Sie solche Beiträge auch aus Kollegenkreisen für das Journal gewinnen können.
Als Arbeitsunterlage für Ihre Herausgebertätigkeit erhalten Sie von jedem Heft ein Freiexemplar, das Ihnen unmittelbar von der Druckerei zugehen wird. Wir hoffen auf Ihr Verständnis, wenn wir Sie bitten, dieses Heft als Ihr *persönliches* Exemplar zu betrachten, d.h. daß Sie die Zeitschrift nicht Ihrem Institut bzw. der Bibliothek zur Verfügung stellen.
Ich hoffe auf eine gute und erfolgreiche Zusammenarbeit und bin mit freundlichen Grüßen

Ihr Dr. Konrad F. Springer

18. September 1981

Lieber Herr Professor Autrum:

Dies ist die erste Arbeit, deren Annahme ich Ihnen empfehle. Die Arbeit wurde zuerst an Bob Capranica geschickt, der sie daraufhin an mich weiterleitete. Dadurch hat sich der Prozess ein wenig verlangsamt. Inzwischen sind bei mir 25 Manuskripte gelandet, 18 allein innerhalb von 4 Wochen. Dabei hatte mit Bob Capranica versprochen, es käme pro Woche etwa nur eines. Er was also um einen Faktor 4 (vier) daneben, und ich kann mir nur vorstellen, daß ein Rückstau von Manuskripten auf mich abgeladen wurde, durch Capranica sowohl als durch Prosser, die beide eine Menge Arbeiten an mich weitergeleitet haben. Inzwischen habe ich wieder die Oberhand gewonnen, d.h. alle Manuskripte sind an Referenten geschickt worden, und nach und nach treffen deren Kommentare ein. Es sieht so aus, daß die Hälfte aller Arbeiten vermutlich zurückgewiesen wird. Möchten Sie über Titel und Autoren in diesen Fällen informiert werden?

Mit herzlichen Grüßen Ihr   W.H.

16. Oktober 1981

Lieber Walter,

vielen Dank für das erste Ms, das durch Ihre Hände gegangen ist. Ich habe es gelesen und an den Verlag weitergeleitet.
Daß Sie anfangs mit Manuskripten überschwemmt worden sind, tut mir leid. Im Durchschnitt hat mir Professor Capranica 35 Ms/Jahr geschickt, allerdings oft 3 oder 4 auf einmal und dann wochenlang nichts. Von Prosser habe ich höchstens 10/Jahr erhalten. Das würde auf einen Durchschnitt von etwa 1 angenommenes Ms/Woche kommen. 50% Ablehnung

37

sind durchaus normal. Erstens sind Sie durchaus berechtigt, die besten
auszusuchen und die anderen (auch wegen Platzmangels) zurückzuweisen;
zweitens kann ich nicht beliebig viele Ms verkraften, weil wir den Umfang
des Journal nicht weiter ausdehnen können und wollen. Das führt a. zu
Schwierigkeiten mit dem Verlag, der im Voraus den Jahrespreis den Bezie-
hern mitteilen muß; und b. zu einer Senkung des Niveaus.
Zuweilen gibt es von den Referenten sehr unterschiedliche Kommentare;
der eine findet es excellent, was ihm ein Autor schickt, der andere Referee
schreibt einfach (oder mit ± langer Begründung) „reject". Solche Fälle
können Sie entweder einem weiteren Gutachter schicken oder mir.
Ablehnungen brauchen Sie mir nicht zu schicken. Ich habe sowieso viel
zu viel Papier gestapelt.
Wollen Sie eine Bestätigung des Eingangs der von Ihnen an mich
geschickten Manuskripte haben? Meiner Erfahrung nach geht bei der Post
nur ganz selten etwas verloren. Wir schicken meist an die Autoren direkt
die Nachricht, daß das Ms von mir an den Verlag weitergegeben ist.
Ebenso setze ich mich mit den Autoren direkt in Verbindung, wenn mir
beim Copy editing Kleinigkeiten unklar sind (z.B. in den References,
die wir hier überprüfen). Darum brauchen Sie sich also nicht zu küm-
mern.
Und noch eins: Sollten Sie für längere Zeit verreisen, so informieren Sie
bitte mich und weisen Sie die Sekretärin an, die Mss kurzerhand an mich
zu schicken.

Mit herzlichen Grüßen Ihr   H.A.

25. Oktober 1981

Lieber Herr Professor Autrum,

haben Sie vielen Dank für Ihren Brief vom 16. Oktober. Inzwischen ist
die Flut der eintreffenden Manuskripte auf etwa 1.5/Woche abgeflaut und
hat sich somit dem vorausgesagten Mittel genähert. Ich habe mir vorge-
nommen, Arbeiten innerhalb von einem Monat durch den Reviewprozess
zu schleusen und den Autoren damit unnütze Wartezeiten zu ersparen. Es
wäre mir in der Tat lieb, wenn Sie, Ihrem Vorschlag folgend, mich über
das Eintreffen der an Sie gesendeten Manuskripte informieren könnten.
Ich wüßte dann am hiesigen Ende, daß eine weitere Last von meinen
Schultern genommen ist und ich neuen Platz in meinem Aktenschrank
schaffen kann, d.h. die Kopien der Arbeiten nicht länger zu hüten habe.
Während der letzten Woche war ich auf dem Neurosciences Treffen in
Los Angeles, mit etwa 6000 (sechstausend) Teilnehmern und einer Sammlung von abstracts von dem Volumen des Münchener Telephonbuchs. Wir
lernen in der Tat eine Menge über unser Nervensystem. Das Problem ist
nur, daß all dies Wissen über tausende von Köpfen verstreut ist und niemand in der Lage ist, eine Synthese zu schaffen. So wissen wir am Ende
genau so wenig wie zuvor, wir haben das Problem nur vom Niveau unserer Forschungsobjekte auf die Ebene der Gedächtnisinhalte der Wissenschaftler verlagert. Hinzu kommt, daß selbst ein so „einfaches" System
wie die Elektrorezeption deprimierend komplex wird, je mehr man in neu-

Handbook of Sensory Physiology

Volume VII/6 C

Vision in Invertebrates

C: Invertebrate Visual Centers
and Behavior II

Edited by Hansjochem Autrum

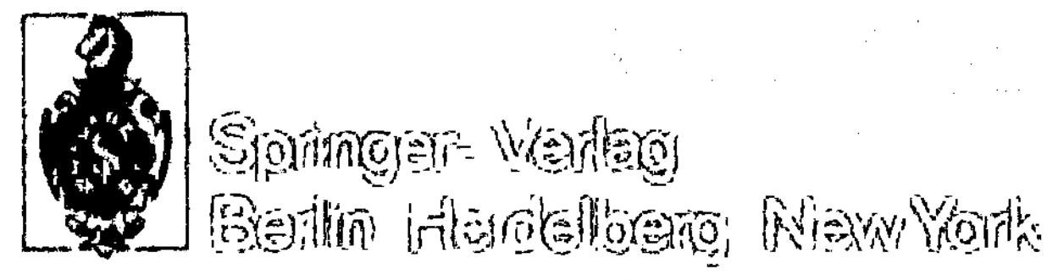

roanatomische Details einsteigt. Und in dem Maße wie wir solche Details
in den Griff bekommen, wird unsere Arbeit derartig speziell, daß ihr
kaum noch jemand folgt. Vielleicht buddeln wir am falschen Ende.

Mit herzlichen Grüßen Ihr   W.H.

Lieber Walter,

vielen Dank für Ihren 25. Oktober-Brief. Den Eingang Ihrer angenommenen Ms werde ich jeweils bestätigen. Vielen Dank für die Referenten-Vorschläge für Chemorezeption.
Zu den Referenten hat mir Bob Capranica – streng vertraulich – eine „schwarze Liste" geschickt, "referees whom he found to be uncooperative or simple too negative. I trust that you will keep this list as confidential", was ja wohl selbstverständlich ist. Ich schicke Ihnen diese Liste, damit Sie gar nicht erst versuchen, sich unnnötigen Ärger zu verschaffen.
Zu den 6000 Gehirnen: Viele von ihnen bohren zwar in die Tiefe, zugleich aber in der Tiefe. Zuweilen muß man aber auf einen Berg steigen, um sich die Landschaft anzusehen und einen Überblick zu bekommen. Ein guter Weg dazu sind einführende Vorlesungen über das Gesamtgebiet der Zoologie (noch besser der Biologie). Ich weiß: Einführende Vorlesungen sind das Schwierigste überhaupt; sie kosten viel Arbeit. Ich habe 40 Jahre lang die sogenannte Grundvorlesung gehalten, 1 Semester, 5-stündig! Von den Viren bis zur vergleichenden Anatomie der Wirbeltiere, Genetik, Abstammungslehre, alle Gebiete der vergleichenden Physiologie gestreift. Jedes Jahr mußte ich etwas ändern und zwar aus zwei Gründen: 1. die Fragen der Studenten nach der Vorlesung machten mir klar, was *ich* nicht verstanden hatte (dann kann natürlich auch kein Student verstehen, was ich erzähle); ich habe über 10 Jahre gebraucht, bis ich das Wesentliche der Osmose so darstellen konnte, daß jeder Anfänger es begriff. 2. Irgend etwas Neues interessierte mich, und dann habe ich mich bemüht, es zu verstehen. Außerdem habe ich Vergleichende Anatomie gelesen, Exkursionen gemacht (eine sehr reizvolle Sache) und eine Spezialvorlesung über Sinnes- und Nervenphysiologie; die war besonders schwierig, weil man natürlich über Dinge, von denen man nicht viel versteht (z.B. Genetik) leichter reden kann. Aber in der Spezialvorlesung habe ich meist zu Beginn die Studenten gefragt, was sie wohl besonders interessiere. Und die Antworten, von Jahr zu Jahr andere, waren sehr interessant: z.B. „Drogen", Aggression, Sozialleben der Primaten, Fortpflanzung (als die Enzyklika des Papstes die Gemüter erregte), Blutdruck usw. Auf diese Dinge bin ich dann, wenn auch zuweilen kursorisch, eingegangen und habe viel dabei gelernt. Stets habe ich in der „Grundvorlesung" die ersten drei Wochen der Wissenschaftstheorie gewidmet; dabei mußte ich früher noch auf das Vitalismus-Problem eingehen (Driesch ist erst 1941 gestorben; Planck hat den schönen Satz gesagt: „Manche Theorien sterben erst mit ihren Vertretern aus"; Planck habe ich übrigens noch in Berlin gehört und – als dann die Verdunklungen während des Krieges begannen – nach Hause gebracht, weil er sich im Dunkeln nicht mehr recht in der Stadt auskannte). Natürlich geht solch Vorlesungsbetrieb zu Lasten der Forschung (und anderer Dinge): Als ich, 5 Jahre nach der Promotion, endlich bei Richard Hesse, meinem hochverehrten Chef (das gab es damals noch) eine bezahlte Assistentenstelle erhielt, gratulierte er mir, fügte aber hinzu: „Nun können Sie, Herr Doktor, aber nicht mehr jeden Monat (!) ins Theater gehen".

W. Heiligenberg

Principles of Electrolocation and Jamming Avoidance in Electric Fish

A Neuroethological Approach

Springer-Verlag Berlin Heidelberg New York

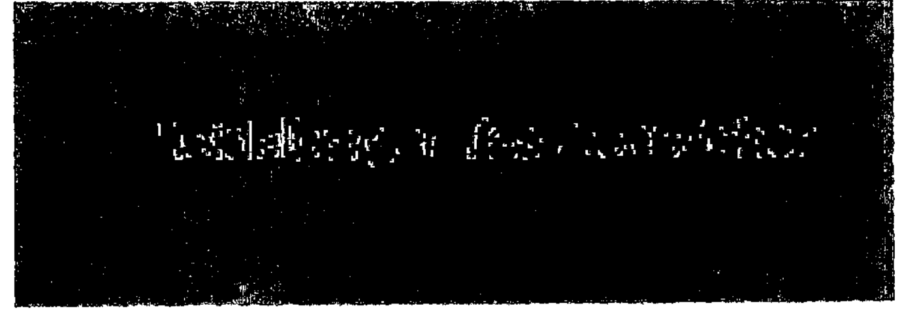

Humanbiologie

Herausgegeben von
H. Autrum und U. Wolf

Mit Beiträgen von
K. Bender, J. Biegert, W. Engel, E. Günther
H. Höhn, W. Krone, W. Lenz, P. Propping, A. Schinzel
J. Schmidtke, F. Vogel, W. Wickler, U. Wolf

Zweite, völlig neubearbeitete Auflage

Und noch eine unglaubliche (heute), aber wahre Geschichte: Mein späterer Chef in Berlin, Friedrich Seidel, rief mich nachts um 2 Uhr an, er möchte am selben Tag das Spektrum des Hämoglobins und des anoxischen Hb im Versuch demonstrieren, ich solle doch zum Schlachthof fahren, mir Blut besorgen und den Demonstrationsversuch im Hörsaal aufbauen. Er las morgens, um 7! Es klappte. Bei all dem hatten wir nicht etwa weniger Studenten als heute; 1930 waren in Berlin rund 200 Studenten im Großpraktikum; während des Krieges (ich war nie beim Militär) 800 (achthundert) Medizinstudenten (von der militärärztlichen Akademie), nicht nur in der allgemeinen Vorlesung sondern auch im Kurs. Personal dafür: 2 Assistenten und keine technische Assistentin. Gewiß ist rein zahlenmäßig der wissenschaftliche output enorm gestiegen. Aber ob sich die Zahl der wesentlichen Arbeiten wirklich vermehrt hat? Nur ist es schwerer, die Stecknadel(n) in dem Heuhaufen zu finden. In meiner Vorlesung habe ich als Beispiel oft die Deszendenztheorie angeführt: Die Arbeiten darüber füllen Bibliotheken. Den Grundgedanken kann man aber auf einer Seite darlegen. Und wer's nicht glaubt, der mag die Bibliotheken erst

einmal durchstöbern. – Die Biologie hat gegenüber den anderen Naturwissenschaften die Vielfalt als konstituierendes Merkmal. Aber auch sie läßt
sich exemplarisch darstellen; das wird von den meisten der 6000 wahrscheinlich übersehen. – Sie sehen: Ein alter Mann kommt leicht ins
Schwatzen. Besser wäre es, wir setzen uns einmal bei einer Tasse Kaffee
zusammen. Vielleicht kommen Sie dazu doch nach Seewiesen?
Mit alledem ist aber Ihre Frage noch nicht beantwortet, ob wir richtig
bohren. Wir tun es sicher, wie viele vor uns. Harrison hat sich nur mit
der rechten Vorderextremität von Amphibienlarven befaßt, Spemann fast
nur mit der oberen Urmundlippe. Gewiß haben beide zuweilen unzulässig
verallgemeinert (Spemann z.B bei der Linseninduktion), aber das ist dann
von einem der 6000 schnell richtig gestellt worden; die Linseninduktion
ist eben bei *Rana temporaria* anders als bei *R. esculenta.* Das ist aber doch
nichts anderes als das Merkmal der Vielfalt. Und noch etwas kommt
hinzu: Je mehr wir wissen, um so mehr merken wir, wie wenig wir wirklich wissen. Diese Erkenntnis, so trivial sie klingt, ist gar nicht so alt; sie
stammt von Sir Karl Popper. "The far as the natural sciences are concerned, in my opinion it should be a sin to regard them, with Francis
Bacon, essentially as a means to increase our power. The best antidot to
this temptation is to keep on reminding ourselves how little we know. The
significance of our highest intellectual achievements does not lie in their
extension of our range of knowledge; I believe it is still greater significance that they have opened new regions of our ignorance, and will continue to do so".
"And: we should not forget how much joy there is in exploring living
nature. When Karl von Frisch received the Nobel Prize, a reporter asked
him what his feelings were. Professor von Frisch's answer was: 'The buzzing of a bee in the garden gives me more pleasure than the Nobel
Prize'".
Mit diesen beiden Zitaten schloß ich die opening address eines Symposions (von der ich leider keine Sonderdrucke bekommen habe). Fazit:
Lassen Sie den 6000 ihr Vergnügen und bohren Sie vergnügt so weiter
wie bisher.

Mit herzlichen Grüßen Ihr   H.A.

18. Dezember 1981

Lieber Herr Professor Autrum,

beiliegend schicke ich Ihnen eine weitere Arbeit, die W. Kristan (ein sehr
gewissenhafter Referent) für sehr ordentlich befunden hat. Vor längerer
Zeit habe ich Ihnen eine Arbeit von ... geschickt. Haben Sie diese Arbeit
erhalten? ... wollte Ihnen eine Neufassung der Diskussion zuschicken,
nachdem er im Nachhinein mit der bereits revidierten Fassung doch nicht
mehr zufrieden war. Dem Konishi sollten Sie wegen seiner Strenge nicht
böse sein. Manchmal ist es ganz erfrischend, wenn Referenten etwas
„nicht-linear" reagieren. Die Auswahl von Arbeiten ist in der Tat nicht
leicht. Vielleicht sollte man die Referenten auffordern, Arbeiten auf einer

Skala von 1 bis 5 zu bewerten, um auf diese Weise ein feines Maß zu
erhalten. Ich wünsche Ihnen ein frohes Weihnachten und ein Glückliches
Neues Jahr.

Mit herzlichen Grüßen Ihr   W.H.

21. Dezember 1981

Lieber Herr Professor Autrum,

beiliegend schicke ich Ihnen gleich zwei Arbeiten: 1) von ... und ..., offensichtlich ein Meisterstück. Ich hatte ... gleich zu Anfang, neben ..., um
eine Beurteilung gebeten, und dieser Kerl hat bis heute nicht geantwortet.
Ich habe dann ... auf der Durchreise durch La Jolla um seine Meinung
gebeten und habe prompt seinen Kommentar, wenn auch handgeschrie-
ben, bekommen. 2) von ... and ..., eine sehr ordentliche, wenn auch nicht
umwerfende Arbeit. Den "running title" habe ich selber erfunden, da ihn
der Autor vergessen hatte. Vielleicht können Sie ... direkt um einen besse-
ren Vorschlag bitten.
Es ist sonnig und warm hier in La Jolla. Von weihnachtlicher Stimmung
keine Spur.

Mit herzlichen Grüßen Ihr   W.H.

4. Januar 1982

Lieber Herr Professor Autrum,

beiliegend schicke ich Ihnen einen Brief von G. Pollack, dessen jüngste
Arbeit durch die Einfügung eines sinnentstellenden Wortes durch den Verlag gelitten hat. Können Sie den Täter greifen und bestrafen?

Mit herzlichen Grüßen Ihr   W.H.

8. Januar 1982

Lieber Walter,

das paper von Eaton is schon lange beim Verlag. Offenbar ist der Bestäti-
gungsbrief verloren gegangen (ich lege die Kopie des Briefes an Sie (bzw.
Eaton) bei).
Zur Zeit ist in München Schneesturm bei −15° C, abwechselnd mit Föhn
(+16° C). Kein Mensch kann das aushalten; die Straßen sind, da kein
Schnee geräumt wird, unpassierbar. Am Tage taut es, nachts frierts.
Ich glaube, man kann den Referenten nicht zumuten, die Arbeiten feiner
zu bewerten. Dazu haben sie zu wenig einheitliche Maßstäbe. Wenn Ihnen
oder den Referenten ein Ms nicht so ganz koscher zu sein scheint, dann
schicken Sie es mir und teilen dem Autor mit, Sie hätten es dem Editor
in Chief weitergegeben, der je nach verfügbarem Platz über endgültige
Annahme oder Ablehnung entscheide.

Mit herzlichen Grüßen Ihr   H.A.

Lieber Walter,

die blöde Korrektur in der Arbeit von Pollack und Hoy ist natürlich für
alle Beteiligten ärgerlich. Leider kann ich nicht feststellen, wer nun den
Unsinn gemacht hat: Die Korrekturen werden gelesen: 1. vom Autor (er
ist unschuldig); 2. von mir (ich habe das nicht korrigiert; wenn es mir
in der ursprünglichen Fassung Nonsense vorgekommen wäre, hätte ich
entweder den Autor gefragt oder es im Ms (das ich ja auch lese) ver„bes-
sert"; 3. von der zuverlässigen Frau Gummert im Verlag; die war aber
auf Urlaub, als ich das Ms an den Verlag schickte; wer Frau Gummert
vertreten hat, kann ich nicht feststellen; 4. vom Korrektor der Druckerei;
der hat zu meinem Leidwesen schon einmal Unsinn hineinkorrigiert, allerdings wohl ausschließlich in den proofs, bevor sie die Druckerei verlassen.
Seit ich das Journal herausgebe, muß ich leider immer wieder feststellen,
daß es keinen Blödsinn gibt, der nicht irgendwann einmal vorkommt (was
in einem Fall sogar schon zum Einstampfen eines ganzen Heftes geführt
hat). Offenbar unterscheiden sich Menschen und Affen in der Hinsicht,
daß die ersteren eben zu jedem Nonsense (s. Surrealismus) fähig sind; bei
Affen bleibt das auf die Chromosomen beschränkt.
Bitte entschuldigen Sie mich bei Pollack und Hoy und bitten Sie sie, mir
ein Erratum zu schicken, in dem durchaus darauf hingewiesen werden
kann, daß der Fehler nicht bei ihnen sondern bei jemand anderem liegt.
Das bitte an mich; ich leite es dann an den Verlag weiter und es erscheint
in einem der nächsten Hefte.
Im übrigen: Wenn im Ms oder in den proofs etwas geändert werden soll,
was den Sinn ändert, schreibe ich stets entweder an die Autoren oder
mache ein „Qy" „?" an den Rand. Dann wird automatisch vom Verlag
zurückgefragt. Es ist das erste Mal seit 20 Jahren, daß solch ein Unfall
passiert.
Das Ms von Eaton ist am 24.11.81 mitsamt den von ihm gewünschten
Änderungen an den Verlag gegangen; er wird also in Kürze die proofs
bekommen. Soweit ich mich erinnere, habe ich das, bzw. Frl. Thomas, bereits zweimal bestätigt. Aber zur Zeit ist die deutsche Post völlig eingefro-
ren (im wahrsten Sinne des Wortes): Wir haben in den letzten Wochen
enormen Schnee und Temperaturen -15 und $-20°$, die Straßen, nicht
nur in München, sind zum Teil unpassierbar, weil völlig vereist (ich habe
mir Schuhe mit Spikes angeschafft), der Flugverkehr folgt nicht einmal
mehr statistischen Regeln, tageweise ist er ganz eingestellt. Ich kann nur
hoffen, daß ich mit diesem Brief zu einem Briefkasten komme; ob er ge-
leert wird, steht in den Sternen; vielleicht erreicht er Sie erst 1983. Oder
auch gar nicht.
Die beiden Arbeiten von Vardi und Camhi habe ich wie durch ein Wunder bekommen. Ich schicke sie, wenn's mir glückt (s. oben), morgen an
den Verlag.

Mit herzlichen Grüßen Ihr   H.A.

25. Januar 1982

Lieber Walter,

Daß gelegentlich ein referee verärgert ist und das an den Autoren (und Herausgebern) ausläßt, kommt vor. Das mag bei … der Fall sein. Es ist sicher der Fall bei … Ich habe in den letzten Wochen zwei Ms von ihm abgelehnt. Beide hatte ich an Delcomyn und an Wine geschickt. Delcomyn hatte mir ein absolut negatives Gutachten, Wine ein gemäßigt negatives geschickt, und ich mußte beiden recht geben. Mit …s Arbeiten habe ich schon früher Kummer gehabt. Deshalb hat es keinen Sinn, ihn wegen fehlender comments zu bemühen.

Lange und doch verständliche Sätze sind kein Fehler. Sie zitieren Kant und Darwin. Man könnte noch Thomas Mann nennen; da finden sich Sätze, die über $1^1/_2$ Seiten gehen. Solche Sätze können also durchaus eine große Kunst sein. Ich beherrsche sie leider nicht. Bei dem Stichwort „Kant" fällt mir meine Doktorprüfung in Berlin (1931) ein, bei der für alle Kandidaten Philosophie Pflichtnebenfach war, man aber angeben durfte, womit man sich speziell beschäftigt habe. Ich nannte Kant's „Kritik der Urteilskraft" und Leibniz's „Abhandlungen über den menschlichen Verstand". Die prompte Antwort des mich prüfenden Ordinarius: „Kant verstehen Sie eh nicht; erzählen Sie mir kurz etwas über Leibniz; und dann beantworten Sie mir mal die Frage, was so etwa ein Regenwurm denkt, wenn er einem Zoologen in die Hände fällt." Mit Leibniz ging's; mit dem Regenwurm mußte ich passen, zumal man damals noch nicht wußte, daß Regenwürmer, wenn sie ergriffen werden, einen Pheromon-artigen Schleim ausscheiden, der andere Regenwürmer von der Unglücksstelle fernhält.

Fahren Sie ruhig in den panamensischen Dschungel; ich habe von meinem Vater (seinerzeit Beamter im Reichspostministerium) den Spruch mitbekommen: „Nichts ist so dringend, daß es nicht durch längeres Liegenlassen noch dringender würde." Dabei war er mehr als fleißig; er arbeitete jeden Abend bis nachts um 3, wobei er noch dazu Abend für Abend eine halbe Flasche hochprozentigen Rum + Tee verkonsumierte. Morgens Punkt 8 war er trotzdem im Ministerium.

Mit herzlichen Grüßen Ihr   H.A.

P.S. Lassen Sie besser die eingehenden comments nicht ungelesen an die Autoren schicken; zuweilen stehen da böse und ungerechte Sachen drin, die – manchmal mit Recht – Autoren verärgern können.

19. März 1982

Lieber Herr Professor Autrum,

beiliegend schicke ich Ihnen eine Arbeit von …, die von zwei kritischen Referenten und mir selbst sorgfältig gelesen worden ist und die ich mit bestem Gewissen zur Publikation empfehlen kann. Es handelt sich um die Integration zweier Modalitäten im Tectum, d.h. die multimodale Repräsentation von Gegenständen im zentralen Nervensystem.

45

Und nun zu Ihren Zweifeln an der endogenen Natur der Rhythmik, die
Sie in Ihrem Brief von 6. März zum Ausdruck brachten: Wenn zwei Tiere
in getrennten, geschlossenen Räumen mit verschiedenen Perioden, T_1 und
T_2, „frei laufen" und diese ihnen eigenen Perioden auch nach Vertau-
schen der Aufenthaltsorte beibehalten, werden Sie vermutlich nicht daran
zweifeln, daß die T-Werte in den Tieren stecken und nicht etwa von außen her kommen. Natürlich mögen alle möglichen äußeren Einflüsse nötig
sein, um die Uhren am Laufen zu halten, aber die Eigenfrequenzen dieser
Uhren sind sicherlich nicht in diesen Einflüssen enthalten, sondern müssen
Systemeigenschaften der individuellen Tiere selbst sein. Hinzu kommt, daß
es inzwischen Drosophilamutanten gibt, deren Uhren Eigenperiodenlängen
haben, die weit von 24 h entfernt sind. Fernerhin ist es dem Menaker gelungen, Uhren unter Erhaltung der Phase durch Pinealtransplantationen
von einem Tier auf ein anderes zu übertragen. Vielleicht habe ich Ihr Ar-
gument, die Rhythmik durch exogene Faktoren zu erklären, mißverstan-
den. Ich kann mir aber schlecht vorstellen, daß Sie an der Existenz endo-
gener Oszillatoren zweifeln. Andernfalls könnte Sie ein „Rhythmiker" in
der Tat zerreißen wollen.

Mit herzlichen Grüßen Ihr   W.H.

7. April 1982

Lieber Walter,

zur biologischen Uhr: Ich will nur sagen, daß die endogene Natur der
Uhr eine Hypothese ist, solange ihr Mechanismus nicht bekannt ist. Jede
Hypothese kann falsch sein, und die Rhythmiker sollten nicht dauernd
Beweise für, sondern Beweise gegen sie suchen. Beispiele für allgemein anerkannte falsche Hypothesen gibt es ja genug. Z.B. Helmholtz's Reso-
nanztheorie des Hörens hat 80 Jahre „gegolten", bis Békésy kam und sie
widerlegte; in manchen Physik-Lehrbüchern spukt sie heute noch umher,
obwohl Helmholtz als ausgekochter Physiker hätte wissen können, daß sie
nicht gelten kann, weil scharfe Resonanzen zugleich geringe Dämpfungen
bedeuten; Hörvorgänge sind aber stark gedämpft, was ich immer im
Praktikum den Studenten durch einen ganz primitiven Versuch demon-
strierte. Hätte Helmholtz recht gehabt, dann müßte man nach einem
Händeklatsch im schalltoten Raum einen lange nachklingenden Ton (oder
zumindest etwas Ähnliches) hören. Das ist aber nicht der Fall. Helmholtz's Dreikomponententheorie des Farbensehens contra Hering's Gegen-
farbentheorie: Seit 20 Jahren erst wissen wir, daß beide recht haben, und
zwar schon auf der retinalen Ebene.
Versetzungsversuche (im Zusammenhang mit Orientierung in der Zeit) hat
schon Renner 1955 gemacht (zeitdressierte Bienen von Paris nach New
York und umgekehrt). Die in Paris dressierten Bienen kommen in New
York zur Pariser Zeit an (und umgekehrt), was zunächst wie ein schlagen-
der Beweis für innere Uhr aussieht. Aber es gibt eine andere mögliche Erklärung: Lindauer und Martin ließen sich die New Yorker (und Pariser)
Werte des Azimuts des erdmagnetischen Feldes geben (die Geophysiker
sammeln diese für sie ziemlich nutzlosen Daten seit über 100 Jahren); so

zeigt sich, daß die Bienen zu Zeiten gleichen Azimuts des erdmagnetischen
Feldes kommen und mit dessen Shiften mitgehen. Ihre Phasenverschie-
bung des Freilaufs folgt genau der Phase des erdmagnetischen Feldes. Es
wird also – so die Gegenhypothese – nicht eine Zeit durch eine innere
Uhr, sondern eine Koinzidenz von magnetischem Feld zur Test- und
Dressurzeit gemessen. Jede größere Störung des erdmagnetischen Feldes
(magnetische Stürme) verhindern jede Zeitdressur. Transplantation von
Pilzkörpern von zeitdressierten Bienen auf andere (über 24 Stunden fort-
laufend gefütterte Bienen) – auch diese zugleich mit Versetzungsversuchen
– führen zum gleichen Ergebnis: Die Istwerte zur Zeit der Dressur werden
übertragen und zwar die des erdmagnetischen Feldes. Und die Droso-
phila-Mutanten: Da muß mir einer erst beweisen, daß bei denen nicht
eine Schraube im Gehirn locker sitzt, die die Koinzidenzmarke rutschen
läßt.
Ich will also nur darauf bestehen, daß keine von den beiden Hypothesen
bewiesen ist; vielleicht haben beide teilweise recht. Viele Vorgänge in der
Natur sind doppelt und mehrfach gesichert, warum ein so wichtiger nicht?
Menaker scheint leicht in Rage zu bringen zu sein (einige comments fürs
J.C. Ph. deuten für mich darauf hin); aber das beweist nur, daß er im
Grunde unsicher ist, was ich positiv bewerten möchte.

Herzliche Grüße Ihr   H.A.

PS.: Die obigen Argumente sind nicht auf meinem Mist gewachsen; sie
stammen aus langen Diskussionen mit Martin und Lindauer, die sich wie
niemand anderer in diesen Dingen auskennen und eine Jahrzehnte lange
experimentelle Erfahrung haben.

30. Juni 1982

Lieber Walter,

vielen Dank für die übersandten Manuskripte. Eine genaue Aufstellung
wird Ihnen Frau Thomas schicken. Einige unter dem Haufen waren sehr
schön.
Mit dem Umfang sind wir an der Grenze dessen, was noch gerade erlaubt
ist. Ich habe seit dem 1.9.81 74 bei mir eingegangene Mss angenommen
und 55 weitere abgelehnt, das sind rund 42% abgelehnte Manuskripte,
also genau die gleiche Quote wie bei Ihnen. Das ist eine erfreuliche Über-
einstimmung in der Bewertung der Qualität.
Nach dem Tod von Professor von Frisch (am 12. Juni) habe ich den Verlag gebeten, Herrn G. Neuweiler als Editor aufzunehmen. Ich denke, Sie
werden nichts dagegen haben. Er ist Ihnen sicher als ein sehr guter Mann
bekannt. Er setzt auch hohe Maßstäbe, ist kritisch und ebenfalls sehr
schnell. Außerdem ist er mein Nachfolger im Institut, so daß eine schnelle
Kommunikation möglich ist. Vor allem hat er jenen delightful humor, der
– wie mit Ihnen – den Umgang leicht macht.
Von verschiedenen Seiten habe ich gehört, daß Ihr Referat in Genf mit
log Abstand das beste gewesen ist. Das freut mich.

Mit herzlichen Grüßen Ihr   H.A.

Lieber Walter,   22. Juli 1982

das Ms von ... über das Eierlegen bei Lymnaea habe ich abgelehnt. Soweit ich mich erinnere, hatte er die Schnecken aus dreckigem (sic!) in sau-
beres Wasser gesetzt, und vor Freude darüber haben die Schnecken dann
Eier gelegt. Ich habe das Ms noch Prof. Linzen gezeigt, der auch für Ablehnung war. Wir haben ... an das J. Reprod. Fertil. verwiesen.
Ebenso habe ich das Ms von ... abgelehnt (Grund: Platzmangel). Ich
habe es gelesen und festgestellt, daß ... jeden Abschnitt der Diskussion
mit „possibly" schließt. Ich habe aus den Ergebnissen der Diskussion den
Eindruck, daß er viel mehr Arbeit in die Sache stecken muß, bevor sie
„legereif" ist. Sie wird es nicht schon dadurch, daß er das Ms unserer im
allgemeinen sauberen Zeitschrift anbietet.
Das Ms von ... über den Sperrmuskel von Muscheln habe ich angenommen. Die reviews sind sehr positiv, und ob die Arbeit in Part A oder B
erscheint, ist für den Gesamtumfang egal. In der Sendung habe ich leider
vergeblich nach ihnen gesucht („Beiliegend schicke ich Ihnen ..."). Dafür
habe ich Sie in dem Buch von G.K.H. Zupanc gefunden, zu meinem Vergnügen.
Mit herzlichen Grüßen von dem „Berühmten Physiologen" (zit. nach Zupanc p. 148)

Ihr   H.A.

                                                    7. Dezember 1982
Lieber Walter,

Das J. Neuroscience kann natürlich, genau so wie die anderen zwei oder
drei Dutzend Journals (J. Neurophysiol., Brain Res., Exp. Brain Res., J.
Neurobiol., J. Gen. Physiol., J. Cell. Comp. Physiol. ...) eine ernsthafte
Konkurrenz für uns – und natürlich auch für die beiden oder drei Dutzend anderen Zeitschriften dieser Thematik – werden. Es gibt es ja schon
seit einiger Zeit. Der Preis von 40 US-Dollar für die 2,000 oder 3,000 Mitglieder der Soc. Neurosci. ist natürlich ohne jede mögliche Konkurrenz.
Bleibt mir nur ein Trost: Wenn das J.C.Ph. mangels Masse eingeht, ver-
kaufe ich meine Serie an irgend eine Uni oder Bibliothek der Dritten Welt
und verprasse das Geld, das ich dafür vielleicht doch noch bekomme.
Warten wir ab: Für Bibliotheken wird auch das J. Neurosci. nicht für
40 US-Dollar zu haben sein. Die Zahl der Bezieher des J. Neurosci. wird
in einigen Jahren zurückgehen, weil man wirklich nicht weiß – ich jedenfalls nicht – wo ich mit all meinen Büchern hin soll. Binden lassen kann
ich das J.C.Ph. sowieso nicht, weil das mehr als 40 US-Dollar kostet. Zudem kann auch das J. Neurosci. nicht all das Zeug aufnehmen, das in
den 2–3 Dutzend anderen Zeitschriften jetzt erscheint. Einige von ihnen
werden überleben müssen. Vielleicht sind wir unter den Glücklichen.
Rechnen Sie doch mal nach: 3,000 bis 5,000 Neuroforscher produzieren
je Mann/Frau je Jahr 0,5 Ms. Das gibt 1,500 bis 2,500 Ms/Jahr. Dazu
kommt die übrige Welt, incl. der Ölscheichs, die grundsätzlich nichts für
40 Dollar kaufen. Das mit den 40 Dollar erinnert mich an Bert Brecht
(Mahagony): „Das wäre Ihr Mädchen, Herr Meier; wenn ihre Hüfte kei-

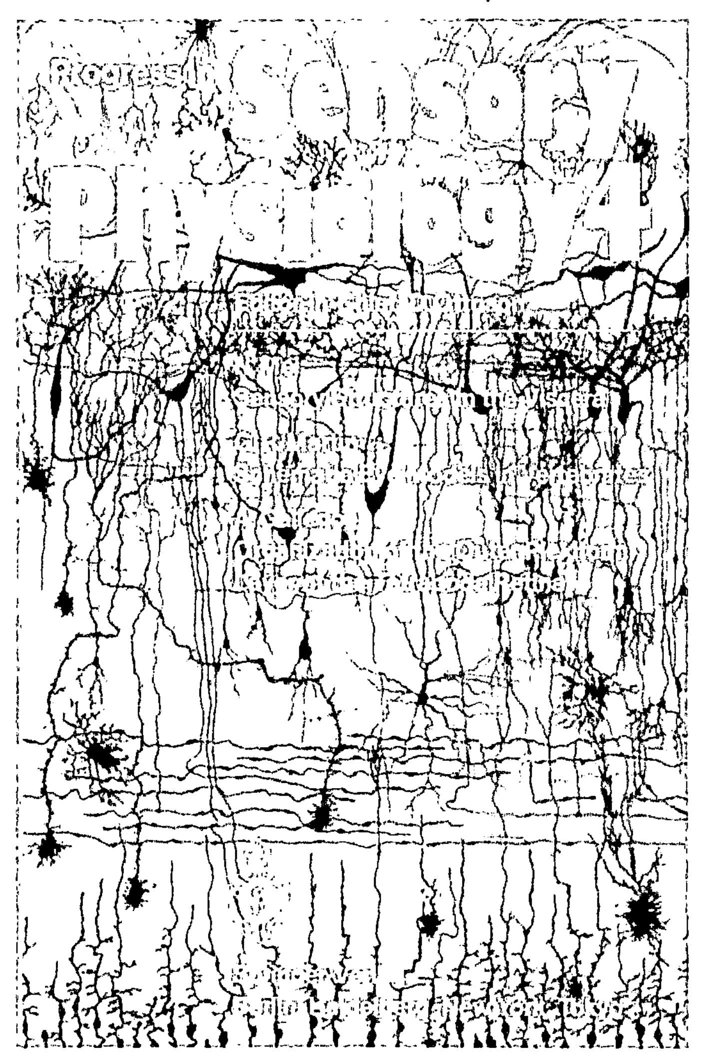

Progress in
Sensory Physiology 4

Editors: H. Autrum D. Ottoson
E.R. Perl R.F. Schmidt H. Shimazu W.D. Willis

Editor-in-Chief: D. Ottoson

With Contributions by
N. Mei G. R. Martin A. Gallego

With 41 Figures

Springer-Verlag
Berlin Heidelberg New York Tokyo 1983

nen Schwung hat, sind Ihre 40 Dollar Dreck aus Wellblech." „30 Dollar."
Wie dem auch sei: Vorläufig fürchte ich mich nicht. Und wenn das
J.C.Ph. zumachen muß, dann habe ich für anderes mehr Zeit. Im übrigen
werden wir ab 1984 den Part B abstoßen. Dadurch wird dann auch das
J.C.Ph. wenigstens etwas billiger.

Mit herzlichen Grüßen Ihr   H.A.

Lieber Walter,   19. Januar 1983

Ab 1984 werden wir nun endlich den Teil B abtrennen und als eigene
Zeitschrift erscheinen lassen, bzw. als einen Teil, den man gesondert beziehen kann. Damit wird der jetzige Part A dann auch billiger. Die Schwie-
rigkeit ist nur die Titelei. J. Comp. Physiol. soll bestehen bleiben, allein
schon der Tradition wegen. Haben Sie eine kluge Idee, wie man unsere
Zeitschrift dann (zusätzlich) nennen könnte?

Mit herzlichen Grüßen Ihr   H.A.

Lieber Walter,

ich hoffe von ganzem Herzen, daß Sie, wenn auch schlimmsten Falls vorübergehend von wilden Tieren gefressen, wohlbehalten aus Panama zurückgekommen sind. Das „vorübergehend" ist durch die Bibel gerechtfertigt: Jonas wurde von einem Walfisch verschlungen und überstand das mit Gottes Hilfe. Mit diesem Problem kam in meiner Göttinger Zeit einmal ein Pfarrer zu meinem (wirklich) hochverehrten Chef, Karl Henke: Wie denn das möglich gewesen sei, denn er (der Pfarrer) habe gelernt, daß die Wale einen sehr engen Schlund hätten; wie sei denn da der Prophet hindurchgekommen? Henke's schlagfertige Antwort: Jonas war ja einer von den kleinen Propheten.
Das Ms von ... habe ich nach einigem Hin und Her an den Verlag geschickt. Feng, der zur Zeit in München ist, und Neuweiler haben es sich noch einmal angesehen; Feng meinte, seine Einwände seien berücksichtigt; aber begeistert waren weder er noch Neuweiler noch auch ich von dem Ms. Im ganzen sind es eben doch nur recht dürftige Beobachtungen, wie man sie bei einem kurzen Aufenthalt in Panama machen kann (sofern man nicht Heiligenberg ist); und die ganze Diskussion ist eine Ansammlung von Vermutungen. Genannter, von mir (wirklich) hochverehrter Henke strich aus allen Arbeiten grundsätzlich alle Hypothesen; er meinte, er könne am Tag 300 (sic) machen (er war so intelligent), aber er brauche einige Jahre, auch nur eine zu widerlegen, geschweige denn sie zu beweisen.
Feng meinte, wenn Sie das Ms angenommen hätten, dann sollte ich Sie nicht desavouieren, indem ich es ablehne. Nun weiß ich nicht, in welcher Form Sie dem Autor mitteilen, daß Sie das Ms an mich weitergegeben haben. Wenn Sie dem Autor mitteilen, das Ms sei angenommen und an mich weitergeleitet, dann halte ich mich natürlich striktissime daran. Wenn Sie aber Zweifel an der sehr guten Qualität haben, dann wäre es zweckmäßig, dem Autor mitzuteilen, es sei mit Vorbehalt (z.B. es sei genug Platz da) an mich weitergegeben; dann schreiben Sie mir bitte irgend so etwas, denn ich kämpfe immer noch mit dem Platz. Vergangene Woche war ich in Heidelberg beim Verlag; sehr geneigt, einen Extraband in diesem Jahr herauszubringen, ist der Verlag keineswegs, weil fast alle Bibliotheken in Finanznot sind.
Über eins möchte ich Sie noch informieren: Es bestehen Bestrebungen, ein Journal für Neuroethologie zu gründen. Ich habe mich sehr dagegen gesträubt: Man soll 1. nicht für jedes gerade aktuelle Gebiet wieder eine eigene Zeitschrift gründen, 2. den etablierten Zeitschriften nicht die Bonbons klauen, und 3. nicht für Jahrzehnte alte Sachen (Neuroethologie hat von Holst schon vor 40 Jahren gemacht) neue Namen erfinden und so tun, als sei das nun etwas ganz besonders originelles. Ich führe immer die Biophysik in diesem Zusammenhang an: Der erste Biophysiker war Kepler, als er nachwies, daß die Linse nach physikalischen Gesetzen ein Bild auf der Retina entwirft, und dazu noch die praktische Seite sofort erkannte, nämlich die Theorie der Brillen.

Wir werden aus den genannten Gründen zu den drei Untertiteln (Neural, Sensory, and Behavioral Physiology) noch zusetzen: Neuroethology. Ich hoffe, Sie sind einverstanden, was, wenn „ja" keiner besonderen Antwort bedarf.

Mit herzlichen Grüßen Ihr   H.A.

1. April 1983

Lieber Walter,

ich muß wiederum einmal ehrlich gestehen, daß mir insbesondere das Ms von ... (fast) die Osterspaziergangslaune verdorben hat; man pieke einigen Anolis das Pinealorgan heraus, gehe nach Haus und lasse von einem extra dazu erfundenen (nicht von ihm) Recorder die Aktivitäten aufzeichnen. Dann veröffentlicht man die unförmigen Registrierstreifen und findet, daß einige Anolis (vorher und nachher) nur ein Maximum, andere zwei Maxima haben, noch andere gar keins (nachher). Im übrigen sei das wie bei den Vögeln auch. Was soll's? Mit Bünning zu reden, es kratzt nicht einmal die Oberfläche des Lacks der Uhr an; und wenn ein Oszillator nicht genügt, dann nimmt man eben zwei oder besser gleich mehrere an. Die Rhythmusfexe sind natürlich begeistert, daß wenigstens zuweilen (keineswegs immer) nach Pinealektomie keine freilaufende Aktivität mehr auftritt.

Mit herzlichen Grüßen Ihr   H.A.

9. April 1983

Lieber Herr Professor Autrum,

haben Sie vielen Dank für Ihren Brief vom 30. März. Das Essen beim Bundespräsidenten sollten Sie auf keinen Fall schwänzen, auch wenn es nicht zu den kulinarischen Höhepunkten zählt. Ich werde am 1. und 2. Juni bestimmt in der Münchener und Seewiesener Gegend sein. Am 3. Juni soll ich beim Herrn Reichardt in Tübingen einen Vortrag halten, und am 4. Juni fliege ich in die USA zurück. Ich könnte Sie also am 1. oder 2. Juni nachmittags oder abends aufsuchen, was immer Ihnen am günstigsten erscheint.

Mit herzlichen Grüßen Ihr   W.H.

7. August 1983

Lieber Herr Autrum,

hier gleich zwei Arbeiten. – Sicherlich hat Herr Neuweiler Sie über den Fall der ...schen Arbeit über Rhinopoma unterrichtet. Mir ist die Sache etwas peinlich. Erstens, weil ich die Arbeit nicht gelesen habe (obwohl ich sonst ...' Arbeiten mit Eifer und großem Genuß lese. Der Kerl ist gescheit) und zweitens, weil ich die „Untaten" des Autors vermutlich auch dann nicht bemerkt hätte, wenn ich das Manuskript wirklich gelesen hätte. So genau kenn' ich dieses Gebiet nun auch wieder nicht. So habe ich mich halt auf so angesehene Referenten wie ... und ... verlassen, und diese haben, fast zu meiner Genugtuung, den Wurm auch nicht gefunden.

51

So stehe ich halt da, geschlagener Editor im Wilden Westen Amerikas.
Ich habe Herrn Neuweiler geschrieben, daß er dem ... ruhig und mit
Kräften vor den Bug schießen soll. ... hat eine dicke Haut und läßt sich
seinen guten Humor nicht so schnell verderben. Ein Ire gegen einen
Schwaben! Da werden wir noch was erleben!
Über Ihre Erklärungen zu Prigogines Buch und den Schreibstil habe ich
mich sehr gefreut. Jetzt verstehe ich so manches. Die Lehre, die ich daraus
ziehe, ist diese: Falls mich jüngere Damen einmal in dieser Weise anhim-
meln sollten, so werde ich bei meiner Auswahl sehr sorgfältig auf deren
schriftstellerische Talente achten – aber nicht ausschließlich!

Mit herzlichen Grüßen Ihr   W.H.

19. August 1983

Lieber Walter,

die beiden Mss ... habe ich an den Verlag zum Druck gegeben. Von der
letzteren Arbeit bin ich nicht sehr begeistert. Es gibt etwa 20,000 Fischar-
ten und 20 Aminosäuren. Man kann also 4×10^5 derartige Versuche machen und die Ergebnisse in Tabellen speichern. Ich frage mich nur, wozu?
Wenn man dann noch die Derivate der Aminosäuren dazu nimmt, wird
die Zahl astronomisch.
... und Neuweiler kommen mir wie zwei Delgado'sche Stiere vor: Sie gehen wütend aufeinander los, aber im letzten Moment kommt doch der
bremsende Reiz in der Amygdala und sie werden zahm wie Lämmer. ...'
Argumente kann ich verstehen. Bei der Priorität kommt es aber leider
nicht darauf an, wer was wann gemacht hat, sondern wann er es dem
staunenden Publikum vorgestellt hat. ... hat sicher seine Versuche früher
als ... gemacht, aber der hat sie nun einmal schon vor einiger Zeit publiziert. Der arme Editor aus Wild-West kann nichts dafür. Er kann ja nicht
in allen Indianerzelten herumschnüffeln, wo wer noch was in petto hat.
Falls Sie etwas von dem Krach um Illmensee – Fälschung von Protokol-
len über „Klonen" bei Mäusen – gehört haben sollten: Illmensee kenne
ich zu gut, als daß ich auch nur ein Wort von der Verleumdungskampa-
gne glaube.

Mit herzlichen Grüßen Ihr   H.A.

4. Januar 1984

Lieber Walter,

folgende Mss können Sie von Ihrer Liste streichen: ... Lent hat natürlich
recht, wenn er sich bei der Schreibweise „sensilla/e" auf die Priorität be-
ruft. Ich habe – Pedant, wie ich nun einmal bin – einen Vormittag nach
der wirklichen Priorität gesucht: Das Wort „Sensillum" stammt – leider
für Lent – von Haeckel 1866 und 1896, und er schreibt nun mal „Sensillum" im Singular. Lent's Prioritäten reichen – wie so oft heute – nur
bis 1960. Also muß es „sensillum/a" heißen. – Im übrigen ist Serotonin
schon für Gott und den Teufel verantwortlich gemacht worden (LSD ist
ein Serotonin-Derivat), und man hat es bei Säugern und dem Menschen
mit Apathie, mit Schizophrenie, die beide wohl bei Egeln nicht vorkom-

men, in Anspruch genommen. Die Versuche sind in Ordnung; von den
Hypothesen glaube ich nicht ein Wort. Aber das sollen die Autoren ver-
antworten. Bei dem Ms (3) habe ich die Vorstellung, daß das alles schon
von Herter (um 1930) gemacht ist; aber ich bin zu faul, um das auch her-
auszusuchen.

Die Egel-Invasion in unseren Manuskripten erinnert mich an die Land-
blutegel in Ceylon, die durch alle Ritzen kriechend, einen erwachsenen
Mann umbringen können. Denn in 1984 dürfen wir den Umfang unter
keinen Umständen überschreiten, sonst mordet mich der Verlag.

Mit herzlichen Grüßen Ihr   H.A.

18. Mai 1984

Lieber Walter,

beiliegend die Kopie eines wütenden Briefes von Graham Hoyle. Ich
pflege solche Eruptionen nicht tragisch zu nehmen. Wütend ist er wahrscheinlich, weil der Referee im Grunde recht hat. Jedenfalls habe ich
Hoyle einen besänftigenden Brief geschrieben, todernst, weil Hoyle offenbar keinen Humor hat. Schreiben Sie mir – auch wenn Sie das Ms von
… and Hoyle ablehnen sollten – wer der Referee war, damit, wenn Hoyle
mir mal eine Arbeit schicken sollte, ich sie nicht gerade an seinen ge-
schmähten Kollegen schicke.

In den Comments kommen ja gelegentlich Entgleisungen vor. Ich lese sie
auf so etwas durch; aber in diesem Fall hätte ich wahrscheinlich auch
nicht geahnt, daß Hoyle sich durch die Bezeichnung als Papst der Hölle
so gekränkt fühlt. Als Papst (seines Gebietes) scheint er sich jedenfalls zu
fühlen.

Jedenfalls wollte ich Ihnen den Brief zur Kenntnis geben, damit, falls Sie
Hoyle einmal treffen sollten, auf seine Aggression vorbereitet sind. Im
übrigen machen Sie am besten nichts weiter. Das J.C.Ph. wird an Hoyle
nicht zugrunde gehen, wie er am Schluß androht. Sollten Sie ihm in der
Hölle begegnen, dann grüßen Sie ihn von mir.

Mit herzlichen Grüßen Ihr   H.A.

22. Mai 1984

Lieber Herr Autrum,

die beiliegende Arbeit aus Eatons Labor sollte in Ordnung sein. Bastian
hat diese revidierte Fassung gesehen und ist sehr zufrieden.

Sicherlich haben Sie inzwischen von Graham Hoyle einen Brief erhalten,
in dem Sie gebeten werden, mit Feuer und Schwefel gegen einen etwas
bissigen Referenten und einen allzu nachlässigen Herausgeber vorzugehen.
Der Hoyle ist ein komischer Kauz. Ich komme sehr gut mit ihm aus, im
Gegensatz zu vielen, weniger dickhäutigen Kollegen. Kürzlich schrieb er
einen Artikel für "The Behavioral and Brain Sciences", in dem er das Gebiet der Neuroethologie definierte und seinen Lesern zu verstehen gab,
daß eigentlich nur jene echte Neuroethologen sind, die an der Sprungmo-
tivation der Heuschrecken arbeiten. Ich habe mir einen Kommentar zu

53

dieser Arbeit (dieses Journal lädt dazu ein), verkniffen und es dem Ted
Bullock überlassen, ihm vor den Bug zu schießen.
Der April war mit sechs Manuskripten etwas ruhiger. Der März war ein
Narrenhaus. Es muß ein gutes Dutzend gewesen sein.

Mit herzlichen Grüßen Ihr   W.H.

16. Juni 1984

Lieber Herr Autrum,

an diesem Wochenende überfalle ich Sie gleich mit 5 Arbeiten. Zwei dieser
Arbeiten liegen diesem Briefe bei. Leider fehlt mir wieder einmal die Zeit,
diese Manuskripte ordentlich zu lesen.
Im übrigen gibt es nicht viel neues zu berichten, es sei denn, daß wir gefunden haben, daß die *Eigenmannia* im Rahmen ihrer Jamming Avoidance
Response Phasenmodulationen wahrnehmen kann, die etwa 500 Nanose-
kunden (Spitze zu Spitze) betragen. Beim Messen solcher Größen wird das
Auflösungsvermögen unserer Elektronik mehr und mehr zu einem Hinder-
nis. Die Phaseninformation gelangt über T-Rezeptoren und sphärische
Zellen im Lobus lateralis des Hinterhirns zur Lamina 6 des Torus semicir-
cularis, und an dieser Stelle streut der Phasenwert der Aktionspotentiale
mit einem Sigma von etwa 3 bis 4 Mikrosekunden. Davon entfällt mindes-
tens eine Mikrosekunde auf das Rauschen unserer Elektronik, und inwie-
weit der Rest auf eine lokale Beschädigung der Zellmembran zurückzuführen ist (trotz eines stabilen Ruhepotentials zwischen -80 und
-100 mV), können wir leider nicht feststellen. Sicher aber ist, daß die *Eigenmannia* über irgendeine Form der Mittelwertbildung über Phasenwerte
von etwa 100 Aktionspotentialen (dies bedeutet eine $^1/_4$ s bei einem Fisch
mit einer 400 Hz EOD, falls dies seriell geschieht) eine genügende Auflö-
sung erreicht. Hinsichtlich des Auflösungsvermögens von Mechanorezep-
toren, Haarzellen, Photo- und Chemorezeptoren wird Sie die Leistung der
Eigenmannia sicherlich nicht übermäßig beeindrucken (kleine Fische, sozusagen), aber gewundert haben wir uns dennoch.

Mit herzlichen Grüßen Ihr   W.H.

10. Juli 1984

Lieber Herr Autrum,

die beiliegende Arbeit sollte in der vorliegenden Form in Ordnung sein.
Manche Autoren werden zur Pest. Vor einiger Zeit erhielt ich eine Arbeit
von ... and ... über die Augenstruktur bei Tiefseecrustaceen. Michael
Land fand die Arbeit schwach, und ich wies sie daraufhin ab. Prompt kamen die Autoren mit einer neuen Fassung, die aber ebenfalls nicht viel
taugte. Als ich die Arbeit daraufhin erneut abwies, rief mich die Erstauto-
rin an und argumentierte, daß diese Arbeit unbedingt in dieses Journal
aufgenommen werden müsse. Ich habe sie daraufhin an Sie verwiesen.
Hoffentlich sind Sie mir jetzt nicht böse; Michael Land würde sich sicherlich freuen, diese Arbeit ein drittes Mal zu sehen.

Mit herzlichen Grüßen Ihr   W.H.

A 20674 E

Natur wissenschaften

1/85

Organ der
Max-Planck-
Gesellschaft

Organ der
Gesellschaft Deutscher
Naturforscher und Ärzte

Organ der
Arbeitsgemeinschaft der
Großforschungseinrichtungen

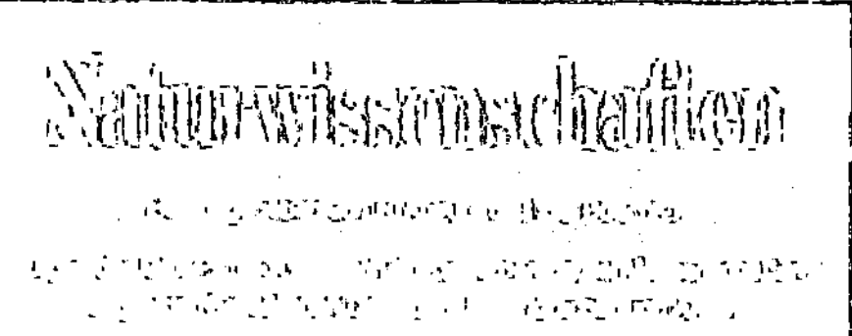

17. Juli 1984

Lieber Walter,

sollte ich das Ms von ... and ... bekommen, so werde ich es prompt zurückschicken. Bisher hat nur einmal vor Jahren einer Namens ... aus ... ein von mir abgewiesenes Ms – ohne ihm etwas von der Zurückweisung durch mich zu erwähnen – an Capranica geschickt. Der schickte es an..., der es schon von mir erhalten hatte. Ich habe damals dem Mann geschrieben, daß das J.C.Ph., insbesondere deren Editors keine Stierkampfarena seien; die Herausgeber könne er nicht gegeneinander aufhetzen. Außerdem erhielt er die für ihn sehr erfreuliche Nachricht, daß ich für die nächsten zwei Jahre kein Ms mehr von ihm für das J.C.Ph. annehmen würde.

Ich habe auch nie wieder etwas von ihm gehört. Da Sie die beiden an
mich verwiesen haben, werde ich etwas zahmer, aber nicht weniger entschieden das Ms ablehnen. Sollten Sie einmal im J.C.Ph. eine Arbeit ent-
decken, die Sie abgewiesen, ich aber, ohne das zu wissen, angenommen
habe, so lassen Sie es mich bitte wissen. Es passieren ja die unglaub-
lichsten Dinge. Zecken gibt es der verschiedensten Sorte; ... und ... schikken mir immer wieder Mss, die ich ablehnen muß. Meist sind die Protest-
briefe seitenlang. Aber ich kann dann nur wie dereinst der alte Rothschild
reagieren, den ein pleiter Bankier um eine milde Gabe bat; er rief seinen
Hausdiener und sagte zu ihm: „Schmeiß ihn raus; er bricht mir das
Herz."

Herzliche Grüße Ihr   H.A.

25. August 1984

Lieber Walter,

mit den beiden Arbeiten ... und ... stellen Sie mich vor ein Problem, vor
dem ich natürlich im Lauf der 20 Jahre, die ich das J.C.Ph. jetzt herausgebe, schon öfter gestanden habe: Soll man die Arbeiten annehmen oder
soll(te) man nicht? Ich habe nach einigem Zögern beide angenommen,
und zwar aus folgenden Überlegungen:
Es kann nicht unsere Aufgabe als Herausgeber sein, Kontroversen dadurch zu begegnen, daß man nur die eine Seite zuläßt und die andere
nicht; irgendwo wird schließlich doch jeder Unsinn veröffentlicht. Kontroversen können nur auf zwei Weisen behoben werden: Entweder die Vertreter verschiedener Meinungen setzen sich einmal zu einem Symposion
zusammen und diskutieren ihre Sache sachlich. Oder, die Vertreter der einen Richtung sterben aus (das ist z.B. beim Vitalismus seit dem Tod von
Driesch so).
Mit der anderen Arbeit bin ich auch nicht glücklich. Wenn ich sie lese
– und das habe ich getan –, habe ich Sand im Mund, aber ich weiß nicht,
woher.
Im übrigen hat es derartige Kontroversen auch früher gegeben. Auch sie
wurden immer durch Kritik an *Veröffentlichungen* ausgetragen. Und wenn
die Leute Witz hatten, dann kann man zuweilen sogar schmunzeln: Be-
rühmt ist die Kontroverse zwischen Klatt und Meisenheimer über den
Kopulationsvorgang bei Copepoden. Meisenheimer veröffentlichte schließlich eine gründliche Analyse und wischte Klatt eins aus: Da steht im
Text: „Die Kopulation bei *Diaptomus* dauert 24 Stunden" und dazu die
Fußnote: „Ebenso bei Klatt."
Noch eine gänzlich andere Sache: Meine Frau hat kurz vor ihrem Tod
(vor zwei Jahren) noch ein au pair-Mädchen eingestellt, das aus Colum-
bien kommt – Margarita Sanchez – und hier Tiermedizin studieren wollte.
Margarita (ich habe sie schließlich aus der Wohnung gesetzt, weil sie
nächtelang bei ihrem – festen – Freund blieb und dann plötzlich ihre
Arbeit vernachlässigte, d.h. die Arbeit in meiner Wohnung) wurde dann
aber hier zunächst nicht zum Studium zugelassen, weil man ihr zwar 2 Semester Studium der Tiermedizin in Bogotá anrechnete, aber ihr Abitur in

Bogotá nicht anerkannte!!! Sie hat dann das Abitur hier nachgeholt, ist
hochintelligent und hat das deutsche Abitur mit „Sehr gut“ bestanden.
Jetzt studiert sie Medizin (ohne Tier-). Sie hat immer noch einen guten
und dankbaren Kontakt zu mir, und deshalb schreibe ich Ihnen die ganze
lange Geschichte: Sie ist jetzt für 2 oder 3 Monate nach Kalifornien gefahren, um dort Englisch zu lernen (sie spricht nach nur 2 Jahren fließend
Deutsch!) und ich habe ihr Ihre Adresse gegeben, falls sie irgendwie in
Not oder Schwierigkeiten kommen sollte. Nur daß Sie sich nicht wundern,
wenn eines Tages eine Margarita Garcia Sanchez bei Ihnen anruft.

Soviel für heute. Mit herzlichen Grüßen Ihr   H.A.

9. September 1984

Lieber Herr Autrum,

die beiliegende Arbeit von … ist wohl nicht übermäßig aufregend, aber
nach …’ Meinung annehmbar. Haben Sie vielen Dank für Ihren ausführ-
lichen Brief hinsichtlich der Arbeiten von … und … Margarita García
Sanchez hat sich bisher noch nicht gemeldet. Ich würde sie gerne kennen-
lernen. Jetzt fällt mir gerade ein, daß ich zum zweiten Mal eine Arbeit
von … und … erhalten habe, über …. Die erste war so schwach, daß
ich sie abgelehnt habe, worauf diese Autoren mit ziemlichem Palaver pro-
testierten. Die zweite Arbeit sieht etwas besser aus. Was mich wundert ist,
warum diese Autoren ihre Arbeit nicht an Sie schicken. Es gibt doch bei-
leibe eine ganze Reihe von Europäern auf diesem Gebiete. Sind diese Autoren einmal „gebrannt“ worden? Oder auf jemanden in Europa böse?
Als Herausgeber lernt man nicht zuletzt eine Menge über die menschliche
Natur. Zuweilen ein arger Misthaufen.

Mit herzlichen Grüßen Ihr   W.H.

5. November 1984

Lieber Walter,

wollen Sie angesichts der Tatsache, daß der Nature ein Autor gedroht hat,
sich selbst zu verbrennen, nachdem die Nature 3 mal ein Ms von ihm abgelehnt hatte, noch weiter Herausgeber spielen?
Mit dem Tierschutz habe ich jetzt auch „Kummer“: Ein Tierschützer aus
Bayreuth hat beim Ministerium verlangt, daß dem guten von Holst seine
Versuche über Stress verboten werden. Ich soll nun ein Gutachten dazu
machen. Leider (für den Tierschützer) steht fest, daß von von Holst's Ver-
suchstieren keine an Stress zugrunde gehen, in der Natur aber ca. 80%,
weil sie von Territoriumsinhabern so lange gestresst (verjagt) werden, bis
sie eingehen.

Mit herzlichen Grüßen Ihr   H.A.

57

14. November 1984

Lieber Herr Autrum,

heute schicke ich Ihnen gleich drei Arbeiten.
Haben Sie vielen Dank für Ihren Brief vom 5. November. Die Drohung
eines Autors, sich selbst zu verbrennen, würde mich kaum von meiner jet-
zigen Tätigkeit abhalten. Sie glauben gar nicht, wie sehr mich Feuer faszi-
nieren. Und manche Arbeit würde ich gerne ins Feuer werden statt Referenten damit zu belästigen. Zu Ihrem Kampf mit den Tierschützern wünsche ich Ihnen alles Gute. Seien Sie froh, daß Sie nicht in England leben.

Mit herzlichen Grüßen Ihr   W.H.

27. November 1984

Lieber Walter,

folgende drei Manuskripte schickte ich an den Verlag: ...
Mich hat besonders gefreut, daß Rovainen und Yan die Doktorarbeit von
Sigmund Freud (1977) „Über den Ursprung der hinteren Nervenwurzeln
im Rückenmark von Ammocoetes" zitiert haben.
Rhythmus-Leute sind offenbar solche, die nicht viel im Lab sind: Sie lassen die Viecher alles mechanisch aufzeichnen und schicken die Registrierstreifen dann in einen Computer. Inzwischen brauchen sie nichts zu tun.
Zum Schluß kommt dann noch ein „Modell", das aber keine Probleme
aufwirft, sondern nur schematisch die (mageren) Ergebnisse zusammenfaßt.
Margarita Sánchez hat mir begeistert von Ihnen berichtet!

Herzliche Grüße Ihr   H.A.

4. Januar 1985

Lieber Herr Autrum,

... Im übrigen tut sich hier nichts neues, abgesehen davon, daß der
Kampf um Geldmittel („grants") immer schärfere Formen annimmt und
wir uns immer mehr auf ein Minimum an Mitteln beschränken müssen.
So bleibt vieles für mich selbst zu tun, was ich lieber einer Hilfskraft über-
trüge, falls ich diese nur finanzieren könnte. Manchmal fühle ich mich wie
ein Maulwurf, dem mehr Dreck in die Gänge hineinfällt, als er hinaus-
schaffen kann. Vielleicht werde ich am Ende doch jemanden für ein paar
Stunden pro Woche um Hilfe bei diesem Journal bitten, in der Hoffnung,
daß Springer über die zusätzlichen Kosten nicht entsetzt ist.

Mit herzlichen Grüßen Ihr   W.H.

17. Januar 1985

Lieber Walter,

zu Ihrem Stoßseufzer wegen einer Hilfe: Der Verlag wird daran nicht zugrunde gehen, wenn er Ihnen stundenweise eine Sekretärin bezahlt. Was
brauchen Sie und was kostet Sie? Schreiben Sie mir, und ich werde sofort
das Nötige in die Wege leiten.

Bei dem „was kostet sie" fällt mir der berühmte Göttinger Mathematiker
Hilbert ein (1862–1943). Er war erst in Königsberg und dann (vor 1914
schon) Ordinarius in Göttingen. Da gab es zu dieser Zeit (als Vorläufer
der Tierschützer) einen „Verein gegen den Mädchenhandel" und vor dem
hielt jemand einen Vortrag darüber (in der „Universitäts- und Garten-
stadt" Göttingen!), über den Mädchenhandel. Nach dem Vortrag fragte
Hilbert in seinem breiten baltischen Dialekt: „Ich habe zwei Fragen:
1. Jibt es in Jöttingen einen Mädchenhandel? 2. Was kosten se?" Sie brauchen nur die zweite Frage zu beantworten.

Mit herzlichen Grüßen Ihr   H.A.

Konrad F. Springer,
einer der (Verlags-) Väter der modernen Ökologie

Hermann Remmert

Die Geburt der Oecologia

Ich kann nicht rekonstruieren wann es war: vielleicht 1964, es kann auch 1965 oder gar 1966 gewesen sein. Ich saß damals in zwei engen Kellerräumen als Diätendozent auf Zeit in einem Gebäude, welches früher die Landwirtschaftliche Fakultät beherbergt hatte und nun ein Teil der Meereskunde der Kieler Universität war. Zu unserem Heimatinstitut – der Zoologie – waren es ein paar hundert Meter und wir waren ganz fröhlich über diese Entfernung. Wir – das waren ein paar lustige Staatsexamenskandidaten, Doktoranden und ich. Geld hatten wir keins, aber die Deutsche Forschungsgemeinschaft hatte mit einigen Geräten und auch einem kleinen Sachkostenzuschuß geholfen und so hatten wir das Gefühl, die Welt stünde uns offen und wir würden die Welt mit unseren Forschungen über die biologische Grenze zwischen Meer und Land schon aus den Angeln heben. Irgendwo – vermutlich bei einer Vorlesung in der Zoologie – wurde mir erzählt, der Herr Dr. Springer sei im Haus. Springer: das tangierte mich nicht besonders. Die gaben furchtbar aufwendige Bücher und Zeitschriften heraus, in denen man zwar sehr gerne publizierte, aber man maulte doch immer über die Pingeligkeit des Verlages, der alle

Zeichnungen – selbst wenn sie von einem professionellen Graphiker gemacht waren – in einem eigenen Studio umzeichnen ließ und sowieso: der Herr Dr. Springer, das wußte man ja, würde mit den hohen Herren irgendetwas besprechen und sich bestimmt nicht für etwas zu frech geratene Anfänger wie uns interessieren. Und schließlich: was sollte auch Herr Dr. Springer wohl bei uns?
Die Mitteilung ging ins eine Ohr hinein, aus dem anderen Ohr hinaus und damit hatte sich der Fall. Und dann ging plötzlich bei uns die Tür auf und ein ziemlich langer Mann, der offenbar Kellerräume durchaus gewöhnt war, kam etwas schüchtern herein und stellte sich mit „Springer" vor. Ich weiß heute noch nicht, was ihn damals zu mir geführt hat. Mein Freund Wolfgang Wieser in Innsbruck, der mit Springers seit langem befreundet war, hatte wohl von mir erzählt – aber wir kleinen Lichtlein auf dem verachteten Gebiet der Ökologie waren ja nun wirklich nichts, was einen großen Verleger hätte reizen können.

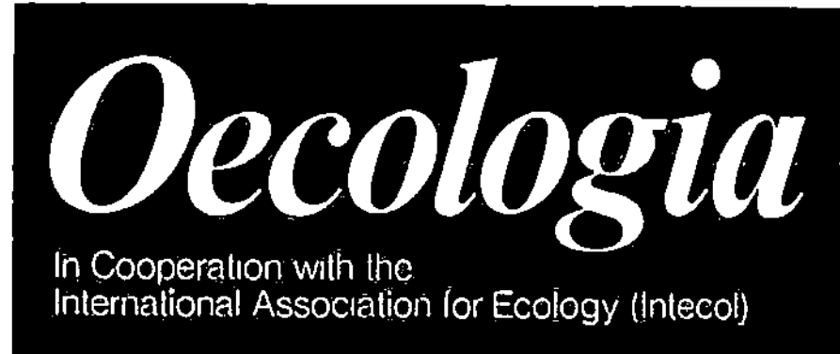

Man kann sich das heute kaum noch vorstellen: für Ökologie gab es in der Bundesrepublik nur eine einzige Professur und die war noch dazu außerplanmäßig. Daß eine Verstärkung ökologischer Arbeit stattfinden könnte und stattfinden würde, daran dachte niemand. Die einzige Arbeitsgruppe für allgemeine Ökologie bei der Max-Planck-Gesellschaft war wenige Jahre zuvor nach dem frühen Tod von Karl Strenzke geschlossen worden. Es gehörte schon eine große Portion Gleichgültigkeit gegenüber allen rationalen Erwägungen dazu, sich als junger Wissenschaftler in die Ökologie hineinzuwagen. Der Zulauf an Studenten war zwar groß und unter diesen Studenten waren hochqualifizierte, so daß die älteren Professoren doch die Stirn zu runzeln begannen – aber was nutzte das? Was, um Himmels willen, sollte Herr Dr. Springer bei einem solchen aussichtslosen Verein? Jedenfalls, er war da und wir fanden Gefallen aneinander. Das Gespräch dauerte lang und mir blieb schließlich nichts anderes übrig, als ihn zu mir nach Haus zum Essen einzuladen. Herrn Dr. Springer schien es zu schmecken und plötzlich rückte er mit seinem Thema heraus: die alte, von uns geliebte und gehaßte (wenn auch wegen der regelmäßigen Umzeichnerei einigermaßen bespöttelte) „Zeitschrift für Morphologie und Ökologie der Tiere" machte dem Verlag seit langem Kummer; man hatte beschlossen, sie in zwei Zeitschriften aufzuteilen und beim Springer-Verlag war der Gedanke entstanden, mich als einen der Herausgeber für die neue „Oecologia" zu gewinnen. Ich war erst einmal baff und dann sagte ich zu.

In der alten Zeitschrift für Morphologie und Ökologie der Tiere fanden systematische, morphologische, anatomische und ökologische Arbeiten Aufnahme – wie viel Platz da für ökologische Arbeiten blieb, läßt sich ausrechnen und: wir fanden, daß die Ökologie inzwischen einen Wandel vollzogen hatte, einen Wandel von der ursprünglich unmittelbar benachbarten Systematik und Morphologie hin an die Physiologie heran, und wir diskutierten eher mit Physiologen als mit Systematikern. Insofern waren auch die altehrwürdigen „Zoologischen Jahrbücher, Abteilung für Systematik und Ökologie der Tiere" für uns zwar ein respektables Organ, aber eben die starke Entfernung zur Physiologie bei gleichzeitiger Betonung des engen Zusammenhangs mit der Morphologie und Systematik in den zoologischen Jahrbüchern schien uns nicht mehr zeitgemäß (dazu kamen bei den zoologischen Jahrbüchern unerträglich lange Publikationszeiten – von der Annahme eines Manuskriptes bis zu dessen Drucklegung vergingen in der Regel fast zwei Jahre). Insofern war der Gedanke von Herrn Dr. Springer logisch und richtig und gut und ich war voll der Begeisterung: eine eigene Zeitschrift für die Ökologie in Deutschland! So etwas hatte es noch nie gegeben. Auf der anderen Seite: das würde ja wohl nicht ernst gemeint sein. Kein Institut würde eine solche Zeitschrift abonnieren. Das müßte Springer besser wissen als ich. Aber ich konnte mir ausrechnen: außer in Kiel, wo Wolfgang Tischler als einziger außerplanmäßiger Professor der Ökologie in der Bundesrepublik das harte Leben eines Einzelkämpfers führte, gab es faktisch nir-

gendwo irgendwelches Interesse für diese alte und schließlich in Deutschland geborene Wissenschaft. Welcher Teufel mochte Springer reiten, wenn er eine solche Idee in die Welt setzte? Nun immerhin: diese Seite war seine Sache und ich würde als Mitherausgeber denn ja wohl auch mitmachen. Die Zeit verging. Ich hörte nichts wieder davon. So war die „Oecologia" denn wohl begraben. Da rief Springer an: das mit der neuen Zeitschrift klappe nicht recht und man hätte im Verlag entschieden, daß ich der Hauptherausgeber werden solle. Bedingung: im nächsten Jahr – 1968, müßten 4 Hefte erscheinen, das sei den Bibliotheken zugesichert und davon könne man nicht abgehen. Aber: die zu publizierenden Arbeiten hätten Qualität zu zeigen. Was sollte ich tun? Ich sagte zu, war Chefredakteur einer Zeitschrift mit einem bereits feststehenden Herausgeberstamm, mit (wie ich dann erfuhr) einigen, bereits angenommenen Manuskripten und der Abneigung von Wissenschaftlern, in neuen Zeitschriften zu publizieren. Ich schaute mich also nach Manuskripten um und erfuhr zusätzlich Verblüffendes: ein Kollege, der später Mitherausgeber wurde und noch heute begeistert dabei ist, sagte mir damals, an ein so totgeborenes Kind würde doch kein Mensch Manuskripte geben. Von anderen erhielt ich ähnliche Antworten in höflicherer Form. Immerhin: wir schafften es, wenn ich auch manche Nacht nicht geschlafen habe, weil ich keine Manuskripte heranbrachte.

Der Herr Dr. Springer hatte ganz offensichtlich einen hervorragenden Riecher. Es war fast, als ob die neue Zeitschrift einen Boom in Ökologie auslöste. An allen Universitäten wurden Professuren für Ökologie eingerichtet. Vielfach sogar richtige Ordinariate. Plötzlich saßen viele Ökologen, die sich der physiologischen Ökologie verschrieben hatten, auf Lehrstühlen der Tierphysiologie. Dr. Springer hatte das nur ein paar Jahre früher gewußt als die deutschen Universitäten. Auch ich war auf einem Lehrstuhl der Tierphysiologie in Erlangen gelandet und hatte an sich mit dem Aufbau eines neuen Instituts genügend Beschäftigung. Aus den Kellerräumen wurden alte Dachgeschoßräume, aus dem fröhlichen ungebundenen Leben eines Diätendozenten mit Zeitvertrag wurden seriöse Pflichtvorlesungen und Pflichtpraktika zur Tierphysiologie und aus dem Waisenkind, welches mir Konrad Springer so – mir nichts, dir nichts – an die Hand gegeben hatte, wurde eine seriöse Zeitschrift. Sie veränderte ihr Bild. Der rein zoologische Aspekt war bei einer ökologischen Zeitschrift nicht mehr tragbar. Botanisch-ökologische und mikrobiologisch-ökologische Arbeiten wurden aufgenommen und das Herausgebergremium entsprechend erweitert. Der Sprung in die moderne Ökosystemforschung war damit möglich. Manuskripte waren nun kein Problem mehr und die Zeitschrift erweiterte ihren Umfang. Schweren Herzens mußten wir die deutsche Sprache als Publikationssprache aufgeben. Wenn wir international gehört werden wollten, blieb uns keine andere Wahl. Wir versuchten nach vorn zu

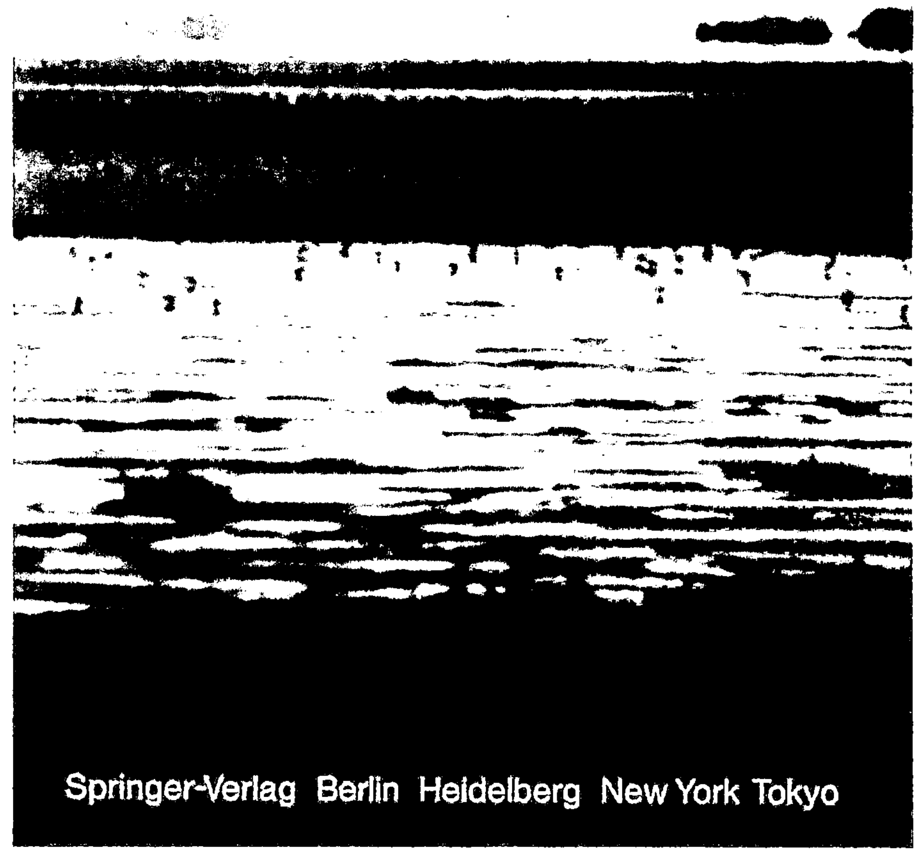

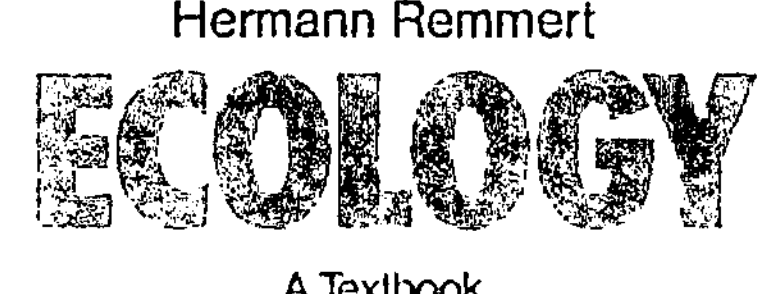

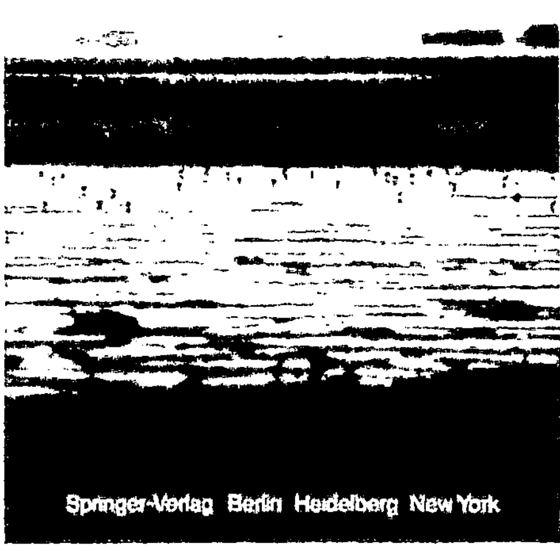

schauen mit einer Herausgebergruppe, die eigentlich ein Freundeskreis war (und durch die Jahre immer geblieben ist) und mit einem Verleger, der unser Freund war, blieb und dies mit jedem Jahr immer mehr wurde. Mit einem Verleger, der diesen Weg nicht nur mitging, sondern an diesem Weg mitarbeitete und uns förderte, wo immer er konnte und wie immer er konnte.

Übrigens, Konrad, ist Dir klar, daß ich bis heute keinen Vertrag über diese Tätigkeit habe? In einer Zeit, wo alles geregelt sein muß, wo über jeden Popanz ein rechtskräftiger Vertrag gemacht werden muß, dürfte das schon bemerkenswert sein. Ein Freund von mir, ein Rechtsanwalt, sagte dazu einmal: „Jeder Vertrag ist nur so gut wie seine Partner. Du kannst den besten Vertrag aller Zeiten mit den besten Juristen machen und wenn Dich der Partner hereinlegen will, wird er das trotzdem tun. Mit einem vernünftigen Partner brauchst Du keinen Vertrag." Ich habe diese Erfahrung durchaus leidvoll mehrfach in meinem Leben machen müssen und bin glücklich, daß ich beim Springer eben keinen Vertrag nötig habe.

Die „Oecologia" wuchs, und mit dem Übergang zur englischen Sprache schoß die Abonnentenzahl steil empor.

Und dann bot mir eines Tages die Marburger Universität eine Professur für Ökologie an. Ich fing noch einmal von vorn an, und ich hatte den Eindruck, daß die Philipps-Universität darüber äußerst verblüfft war. Zumindest wußte sie offensichtlich nichts mit mir anzufangen. Ökologie war ein reines Hobbyfach an dieser Universität, welches kein Student zu hören brauchte und in dem er bestimmt auch nicht geprüft wurde. Ökologie war zwar inzwischen durch das Erkennen der Umweltkrise in Mode geraten, aber ich hatte in Marburg schlicht nichts zu tun und so redete ich meine Erlanger Vorlesung in das Diktaphon. Meine Erlanger Sekretärin tippte die ganze Sache ab und dabei kam dann ein Lehrbuch der Ökologie heraus. Ich hatte so lange gebraucht wie für die Vorlesung: knapp über drei Monate; und nun rief ich den Konrad Springer an, ob er denn ein Lehrbuch der Ökologie drucken würde.

Ich glaube, lieber Konrad, da habe ich Dich wirklich verblüfft. Mir war das gar nicht bewußt. Offenbar aber gehört es zu den Grundsätzen im Beruf eines Verlegers, daß er hinter Manuskripten herjagt und nicht mit einem fertigen Manuskript konfrontiert wird. Aber Du warst schon immer schlagfertig: so setzte ich mich ins Auto und brachte am nächsten Tag das Manuskript in den Verlag (Dieter Czeschlik war zufällig nicht im Hause und glaubt noch heute, daß dies eine Verschwörung gegen ihn gewesen sei). Frau Deigmöller fing

schallend zu lachen an und sagte:
ein solches Buch drucke der seriöse
Springer-Verlag nie. Aber dann
habt Ihr es doch gedruckt, und ich
habe das Gefühl, Ihr seid damit
auch ganz zufrieden. Aber ohne
Dein Wort, Konrad, wäre mein
Manuskript irgendwo in meinem
Papierkorb gelandet, denn nachdem
ich es geschrieben hatte, war mein
Interesse an diesem Buch eigentlich
verraucht. Zu einer langen und
langwierigen Feilerei oder Diskussion über diese und jene Formulierung wäre ich nicht bereit gewesen.
Aber das alles brauchte ich nicht zu
sagen: Du mit Deiner Sicherheit,
mit der Du den unerfahrenen Diätendozenten mit der Schriftleitung
einer neuen Zeitschrift betrautest
und mit der Du jetzt das Buch
eines offensichtlich unterbeschäftig-
ten Professors sofort zum Druck
gabst, das glaube ich, zeichnet dich
aus, und das habe ich immer an
Dir bewundert.
Inzwischen ist Frau Deigmöller
ganz begeistert, daß die Karikatur,
die sie damals so zum Lachen gebracht hat, nun schon die 3. Auflage dieses Buches ziert und das gilt
auch wohl für Frau Klumbies, die
mir schrieb, daß ihr Mann, den die
Nazis in den Tod trieben, sich wohl
wahnsinnig gefreut hätte, sein Bild
in einem wissenschaftlichen Buch
zu sehen – schließlich hat er ja
sonst Erich Kästner illustriert und
sich die lustigen Geschichten von
„Vater und Sohn" ausgedacht.

Erich Ohser

Nun geht dies Bild in alle Welt mit
einer englischen und einer brasilia-
nischen Ausgabe, während eine
spanische und eine polnische Ausgabe vorbereitet werden.
Die Marburger Universität hatte
inzwischen gemerkt, daß sie einen
Professor mehr hatte und beschäftigt ihn heute, wie alle Universitäts-
Professoren beschäftigt sind. Die
„Oecologia" wuchs und wuchs und
war nicht mehr zu bewältigen. Die
Trennung der Verantwortung bei
Erhalt einer Zeitschrift für die Ge-
samtökologie ließ sich nicht länger
aufhalten. Ich habe diese Trennung
gegen mich selbst gewollt: es war
nicht mehr zu schaffen. Aber auf
der anderen Seite braucht der Öko-
loge nun einmal die mikrobiologi-
sche, die botanische und die zoologische Seite. Nun sehe ich nicht
mehr automatisch all die botanischen Manuskripte, die wir in der
„Oecologia" publizieren – und seitdem schaue ich mir nun auch die
fertigen Hefte an. Dort erscheinen
zum ersten Mal Artikel, die ich
nicht vorher auf meinem Schreib-
tisch gehabt habe.

Lieber Konrad, wir sind oft in Deinem Haus gewesen und Du oft in
unserem – wenn es auch jeweils ein
anderes Haus war zwischen Kiel,
Erlangen und Marburg. Du hast
den Verlag, der uns damals ein biß-
chen antiquiert, zu formalistisch in
einem notwendigen Genauigkeits-
streben, und damit als viel zu teuer
erschien, jung gemacht und Du
hast ihn einer Wissenschaft eröffnet, die dem Verlag nach unserer
Meinung zunächst fern lag. Du
hast das Kommen der Ökologie gesehen, einige Jahre, bevor die
deutschen Universitäten zu der
Meinung kamen, daß sie Ökologen
brauchen würden. Die „Oecologia"
und die Buchreihe „Ecological Studies" zu wagen war ein Entschluß,
der uns wirtschaftlich unsinnig, wissenschaftlich aber hochwillkommen
erschien (immerhin: auch die
deutschen Universitäten haben ja
die Ökologie forciert, lange bevor
die Ökologie Mode wurde und dadurch in Gefahr geriet). Unter Dir
ist die Ökologie im Springer-Verlag
groß geworden und die deutsche
Ökologie hat dadurch internationale Bedeutung gewonnen, denn jeder Mensch braucht eine Bühne,
sagt Lessing, und ohne Dich hätten
wir diese Bühne nicht gehabt.

Danke, mein Verlegermeister!

HERMANN REMMERT

„Frühsport" für die Ecological Studies – Die Entwicklung einer Springer-Serie

OTTO L. LANGE (Würzburg)

Es war im Campus einer amerikanischen Universität an der Westküste gegen Ende der 60er Jahre. Nach einem Kongreß hatte ich mich mit Herrn Dr. Konrad Springer getroffen, um mit ihm über Einzelheiten eines Projektes zu beraten, das uns seit einigen Jahren immer wieder und intensiv beschäftigte und über das wir kurz vorher mit Jerry Olson aus Oak Ridge diskutiert hatten: eine Buchserie mit Monographien über ökologische Themen. Wir saßen beim Frühstück und beobachteten durch die große Glasfront der Cafeteria das Treiben auf den Wegen der Grünanlagen der Universität. „Jogging" war dem Mitteleuropäer zur damaligen Zeit noch wenig geläufig – und wir amüsierten uns über die Läufer, die, schweißüberströmt in langen Reihen ihr morgendliches Training absolvierten. Auf seinen sportlichen Namen anspielend, fragte ich Herrn Springer, wie er es denn mit dem Frühsport halte. Er antwortete, daß sein Beruf ihm genügend Sport bedeute – und daß er den „geistigen Frühsport" vorzöge, um endlich die lange geplante ökologische Monographien-Serie in die Tat umzusetzen. – Fast zwei Dekaden lang erinnern wir uns seitdem gegenseitig immer wieder an dieses Gespräch, und wir ermahnen uns gegenseitig, durch verlegerischen, herausgeberischen und wissenschaftlichen Frühsport die damals konzipierten Ideen für die „Ecological Studies" zu verwirklichen. Manchmal tragen Briefe über die Serie einfach nur die Kennzeichnung „Betrifft: Frühsport". Intensive Diskussionen mit Herrn Dr. Springer über die Aufgaben des Fachgebietes Ökologie, über seine wissenschaftliche Entwicklung und über den Einfluß, den ökologische Gesichtspunkte weit über die eigentliche Wissenschaft hinaus gewonnen haben, gingen der Begründung der Buchserie „Ecological Studies" voraus und begleiten seitdem ihr regelmäßiges Erscheinen. – Es gibt wohl kaum einen Begriff der Wissenschaft, der in wenig mehr als einem Jahrzehnt eine so große Ausweitung seiner Bedeutung und einen so grundsätzlichen Wandel von einem Fachwort zu einer Art Politikum erfahren hat, wie der Terminus „Ökologie". Heute ist das Wort Ökologie in aller Munde. Man liest es täglich in der Presse, die Politiker bedienen sich seiner in ihren Debatten. Es wird an unser „ökologisches Gewissen" appelliert, und es gibt ökologisch orientierte Parteien. In den Schulen werden „Ökologie-Tage" veranstaltet, in Amerika kann man „ecology-bread" kaufen (das besonders gesund ist), man ist „ecology-minded", wenn man umweltverträgliches Verpackungsmaterial verwendet, und Waschpulver ist „Ökologie-freundlich". Mit Unterstützung des Bundesministeriums für Ernährung, Landwirtschaft und Forsten wird eine „Öko-Fibel" publiziert, man spricht von „Öko-Freaks", von der „Öko-Scene", kauft im „Öko-Laden", schreibt auf „Öko-Papier", liest „Öko-Schmöker" und amüsiert sich gar über „Öko-Humor". Ökologie ist heutzutage überall aktuell – in den Sozialwissenschaften soll das Gebiet „Öko-Politologie" als neues Lehrfach eingeführt werden, es wird „Ökologie in der Bibel" nachgewiesen (von N. Hareuveni, Neot Kedumin Ltd., Kiryat Ono, Israel 1974) oder man wirbt mit dem Begriff, etwa im Bordmagazin der portugiesischen Luftlinie TAP, wo „definiert" wird: „ecology is ... an infinitive strech of sand, quietness, self contemplation, bodily fitness – by the sea under a blue sky and the sun of life" (Atlantis, revista de bordo, TAP Air Portugal, 1/81). Welch weiter Weg von der ursprünglich fachlichen Definition des Begriffes bis hin zu derartiger Bedeutung! Diese Entwicklung kennzeichnet das immer stärker gewordene, oft besorgte Interesse der Menschen unserer Zivilisationsgesellschaft am Geschehen in der Natur; das Wort Ökologie ist zum Symbol für eine heile, gesunde und harmonische Umwelt und für eine natürliche Lebensweise geworden. Für die wissenschaftliche Biologie ist es jedoch notwendig, bei einer strengen und fachbezogenen Definition des Ausdrucks Ökologie zu bleiben.

Abb. 1. Ernst Haeckel, der Schöpfer des Begriffes „Ökologie". (Aus E. Haeckel: Prinzipien der generellen Morphologie der Organismen. Berlin: G. Reimer 1906)

Tatsächlich ist der Begriff „Ökologie" noch relativ jung. Er wurde erst im Jahre 1866 von Ernst Haeckel (Abb. 1) aus den griechischen Stämmen οἶκος (oikos) und λόγος (logos) gebildet und bedeutet in der wörtlichen Übersetzung so viel wie „Haushaltslehre". Zusammen mit der Chorologie sieht Haeckel in der Ökologie biologische Phänomenkomplexe, deren Rätselhaftigkeit, wie er schreibt, durch die im Zentrum seines Denkens stehende Deszendenztheorie eine harmonische Erklärung erhält. Über die Entstehungsgeschichte des

von ihm in die Wissenschaft eingeführten Begriffes Ökologie hat sich Haeckel offenbar nicht näher geäußert*. Zum ersten Mal kam er während seiner Würzburger medizinischen Studienjahre (Abb. 2) intensiver mit biologischen und naturwissenschaftlichen Fragen in Berührung. Auch wenn kein historischer Nachweis dafür vorliegt, so könnte vielleicht das Wort Ökologie in Würzburg erdacht worden sein. In seiner „Generellen Morphologie", (Georg Reimer, Berlin 1866; siehe auch „Prinzipien der Generellen Morphologie", Georg Reimer, Berlin 1906) definiert Haeckel folgendermaßen: „Unter Oekologie verstehen wir die gesamte Wissenschaft von den Beziehungen des Organismus zur umgebenden Außenwelt, wohin wir im weiteren Sinne alle ‚Existenzbedingungen' rechnen können. Diese sind teils organischer, teils anorganischer Natur …" – eine Erklärung, die in ihrem Grundgehalt nach wie vor auch heute noch in der biologischen Wissenschaft Gültigkeit hat. In Anlehnung an Otto Stocker kann man ergänzend definieren: „Die Ökologie beschreibt und untersucht kausale Funktionszusammenhänge als Bedingungssysteme der einzelnen Organismen und Organismengemeinschaften an ihren Standorten aus den Wechselwirkungen zwischen den Lebewesen mit ihrer physikalisch-chemischen Umwelt und ihren Beziehungen untereinander."
Bis vor einigen Jahrzehnten war der Haeckelsche Begriff Ökologie nur in der engeren Fachwelt be-

---

* Siehe auch G. Uschmann: Die Definition des Begriffes „Ökologie" (russisch). In: Essays on the History of Ecology, 10–21. Moskau: Nauka 1970.

Abb. 2. Ernst Haeckel als Student in Würzburg. (Aus Ernst Haeckel, Biographie in Briefen. Zusammengestellt u. erläutert von G. Uschmann. Gütersloh: Prisma 1983)

kannt. Dieser Zweig der Biologie erfreute sich lange Zeit hindurch keiner besonderen Wertschätzung im Bereiche der Naturwissenschaften, wohl deshalb, weil die Komplexität und Kompliziertheit der ökologischen Systeme die kausalanalytisch ausgerichtete Bearbeitung erschwerte und etwa gegenüber der Laboratoriumsphysiologie als weniger exakt erscheinen ließ. Als ich Mitte der 50er Jahre meinen ersten Antrag auf finanzielle Unterstützung zur Anschaffung von Apparaturen bei der Deutschen Forschungsgemeinschaft einreichen wollte, empfahl mir ein älterer, erfahrener Kollege, in der Darstellung meines Arbeitsvorhabens nicht den Begriff Ökologie zu verwenden – aus der Befürchtung heraus, daß das einen unseriösen Eindruck machen und die Bewilligung der Mittel gefährden könne. Heute gibt es Sonderforschungsbereiche der Deutschen Forschungsgemeinschaft, wie z.B. den in Bayreuth mit dem Titel „Gesetzmäßigkeiten und Steuerungsmechanismen des Stoffumsatzes in ökologischen Systemen", es existieren DFG-Forschergruppen mit ökologischer Zielsetzung, wie etwa die Gruppe „Ökophysiologie" in Würzburg, und vor einiger Zeit wurde z.B. ein sehr erfolgreiches DFG-Schwerpunktprogramm „Biochemische Grundlagen ökologischer Anpassungen" abgeschlossen. Noch Ende der 60er Jahre war es sehr schwierig, Studenten ein geeignetes Lehrbuch der Ökologie zu empfehlen – zur Zeit existieren allein im deutschsprachigen Raum mehr als 10 verschiedene wissenschaftliche Taschenbücher, die das Wort Ökologie im Titel tragen. Ebenso gibt es heute eine ganze Serie von Fachzeitschriften mit „ökologischen" Namen, so z.B. die „Oecologia" (Springer, Berlin), „The Journal of Ecology" (Blackwell, Oxford), „Ecology" (Ecological Society of America, Ithaca, NY), „Acta Oecologia" mit den Serien „Oecologia Generalis", „Oecologia Applicata" und „Oecologia Plantarum" (Gauthier-Villars, Montrouge) und die

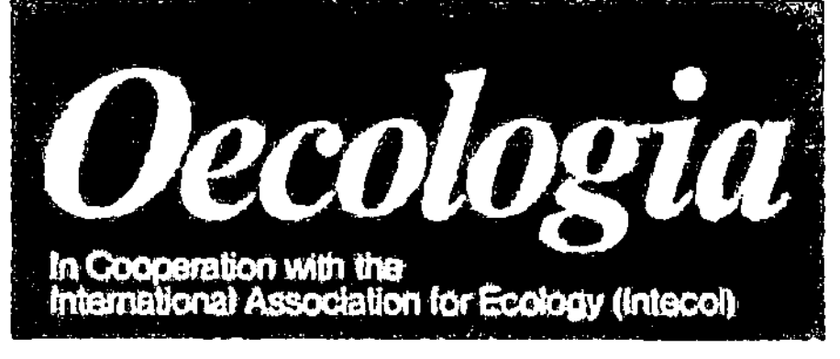

„Ecological Monographs" (Ecological Society of America, Ithaca, NY). All das ist Ausdruck der zielgerechten Entwicklung einer wissenschaftlichen Disziplin. War es wissenschaftliche Einsicht des studierten Biologen Dr. Springer – war es sein verlegerisches „Gespür", daß er diese Entwicklung vorauszuahnen schien, sie durch die Möglichkeiten seines Verlages mit initiierte und mit unterstützte? Vor einem Vierteljahrhundert machte er es sich zum Ziel, der Umweltwissenschaft ein Forum zu gestalten. Neben der Gründung der Zeitschrift „Oecologia" wurde zunächst geplant, ein „Handbuch der experimentellen Pflanzenökologie" in Angriff zu nehmen. Obwohl die Verträge dafür bereits unterschrieben waren, wurde dieses Projekt aber vorläufig wieder zurückgestellt, weil es sich erwies, daß der seinerzeitige Wissensstand für ein großangelegtes, zusammenfassendes Werk noch nicht ausreichte. (Erst 1981 bis 1983 erschienen dann die vier Bände „Physiological Plant Ecology" in der Neuen Serie vom Handbuch der Pflanzenphysiologie als Verwirklichung des damaligen Plans, siehe die Ausführungen von A. Pirson in diesem Band). Wir nahmen uns vor, zunächst in einer Serie von Büchern in lockerer Folge die Materialien wissenschaftlicher Ökologie als Einzeldarstellungen von monographischem Charakter zu sammeln: das war die Geburtsstunde der „Ecological Studies – Analysis and Synthesis", und in einem Vorwort wurden im ersten Band – unter wesentlicher Beteiligung von Dr. J.S. Olson, dem aktiven Gründungsmitglied und Mitherausgeber – die Ziele der Serie folgendermaßen umrissen:

"A series of concise books, each by one or several authors, will provide prompt, world-wide information on approaches to analyzing ecological systems and their interacting parts. Syntheses of results in turn will illustrate the effectiveness, and the limitations, of current knowledge. This series aims to help overcome the fragmentation of our understanding about natural and managed landscapes and waters – about man and the many other organisms which depend on these environments.
We may sometimes seem complacent that our environment has supported many civilizations fairly well – better in some parts of the Earth than in others. Modern technology has mastered some difficulties but creates new ones faster than we anticipate. Pressures of human and other animal populations now highlight complex ecological problems of *practical importance* and *theoretical scientific interest*. In every climatic-biotic zone, changes in plants, soils, waters, air and other resources which support life are accelerating. Such changes engulf not only regions already crowded or exploited. They spill over into more natural areas where contrasting choices for future use should remain open to our descendents – where Nature's own balances and imbalances can be interpreted by imaginative research, and need to be.
Ecological Studies will bring together insights about the functioning and organization of ecosystems on the scale of the whole *biosphere, communities, populations* and *individual components* and *their interfaces*. Here methods are interpreted broadly. They include not only

techniques of measurement, sampling and experimentation, but also the thoughtful strategy of investigation to choose between multiple working hypotheses or to suggest fresh ideas.
Analysis includes biological, physical and chemical analyses of the parts and processes of ecosystems. Mathematical analyses not only aid these studies, but provide means of expressing relations between environmental and biological variables in ways that help us think about what is happening in Nature.
Synthesis includes drawing scattered and new information to bear on answering or at least clarifying specific questions. Also it includes generalizing over classes of environmental conditions, organisms or ecosystem types. Word pictures, flow charts and mathematical models are just steps in making any general propositions explicit. They help predictions. These hasten tests, and changes if necessary, to make our concepts and decisions more appropriate when our models are still rough approximations of reality.
Thus individual volumes or chapters may bring quite different sciences to bear on one problem or system. Small problems or "subsystems" in turn may show better ways of dealing with larger ecological problems. These we must understand better if we are to make far-sighted policy and wise technical management of future environments."
Als Serienherausgeber konnten neben dem Botaniker Prof. Dr. J.S. Olson (Oak Ridge) die zoologischen Kollegen Prof. Dr. J. Jacobs (München) und Prof. Dr. W. Wieser (Innsbruck) gewonnen werden;

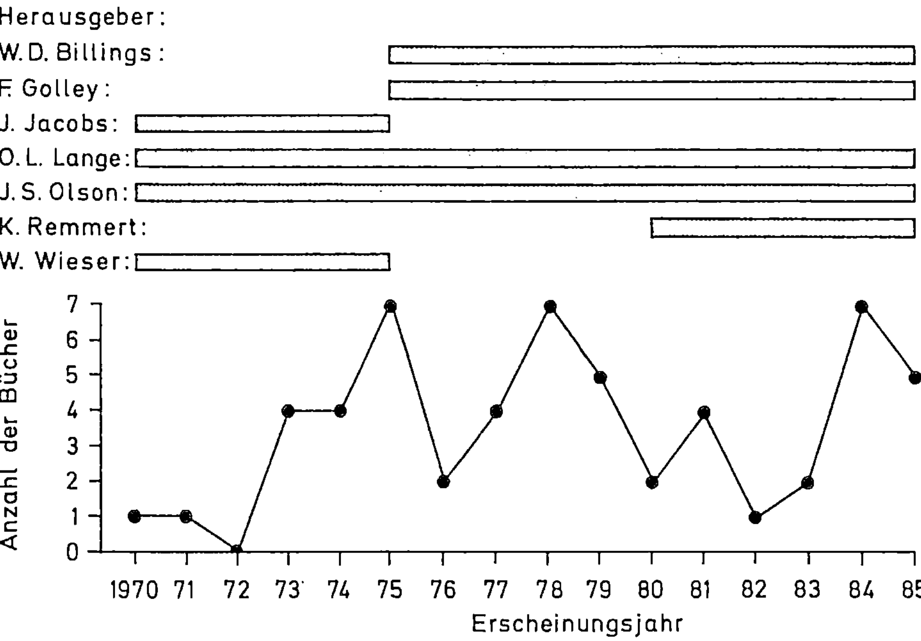

Abb. 3. Jährliche Bandzahl und Herausgebergremium der „Ecological Studies" für die Zeit 1970 bis 1985

wir bildeten zu viert den ersten Herausgeberstab. Später arbeiteten Prof. W.D. Billings (Durham), Prof. Dr. F. Golley (Athens) und Prof. H. Remmert (Marburg) als Herausgeber mit. Der erste Band erschien im Jahre 1970. Die Serie entwickelte sich kontinuierlich mit im Mittel 3,5 Bänden pro Jahr (Fig. 3), so daß nach 16 Jahren nicht weniger als 56 Bände in ihr erschienen sind (siehe Anhang). Die Serie der „Ecological Studies", die in den beiden Springer-Verlagshäusern in Heidelberg und in New York erscheint, fand sowohl bei Autoren als auch bei den Lesern in den Jahren ihrer Existenz eine sehr erfreuliche internationale Beachtung. Das geht beispielsweise aus den weit gestreuten Herkunftsländern der Autoren bzw. Herausgeber der einzelnen Bände hervor, so wie sie in Tabelle 1 zusammengestellt sind. Aus den Vereinigten Staaten und aus der Bundesrepublik Deutschland, den Sitzen des Verlages, stammen die meisten Bände. Insgesamt sind aber nicht weniger

als 18 Länder vertreten. Beachtlich und vielleicht kennzeichnend für die großräumige Kooperation der Wissenschaftler im Bereich der Ökologie sind viele Bände, die in Zusammenarbeit von Autoren oder Herausgebern ganz unterschiedlicher Nationen entstanden sind. Dem entspricht eine weltweite Verbreitung der Reihe in Bibliotheken und Labors.
Thematisch umfassen die verschiedenen Titel der „Ecological Studies" einen großen Bereich aktueller ökologischer Forschung, so daß die meisten Teilaspekte des Fachgebietes berührt werden; die sich daraus ergebende Heterogenität ist gewollt und entspricht der von den Herausgebern von vornherein vorgesehenen Vielfalt. Einen Schwerpunkt der Serie bilden Bände mit systemarem Ansatz, d.h. analysierende und integrierende Darstellungen bestimmter Ökosysteme

Tabelle 1. Herkunftsländer der Bände der Ecological Studies. Berücksichtigt ist die Nationalität der Bandautoren bzw. Bandherausgeber

Land	Anzahl der Bände
Vereinigte Staaten von Amerika	19
Bundesrepublik Deutschland	9
Israel	5
Südafrika	3
Norwegen	2
Schweiz	2
Tschechoslowakei	2
Australien/Vereinigte Staaten	1
Bundesrepublik/Nigeria	1
Bundesrepublik/Vereinigte Staaten	1
Chile/Vereinigte Staaten	1
Dänemark	1
Großbritannien	1
Israel/Schweiz	1
Israel/Vereinigte Staaten/ Niederlande	1
Österreich	1
Polen/Kanada	1
Sowjetunion	1
Vereinigte Staaten/Bundesrepublik	1
Vereinigte Staaten/Frankreich	1
Vereinigte Staaten/Venezuela	1

bzw. Ökosystemtypen. Meist stehen hier Fragen der Biomasseproduktion und des Mineralumsatzes im Zentrum des Interesses – angeregt durch Arbeitsprojekte des „Internationalen biologischen Programms (IBP)". So behandeln die ersten beiden Bände der Serie Untersuchungen zur Analyse der Funktion temperater Fallaubwälder in Nordamerika (Bd. 1) und in Europa (Bd. 2). Tropische Ökosysteme (Bd. 11) und speziell Savannen (Bd. 42) kommen ebenso zur Besprechung wie Tundrenformationen in Fennoskandien (Bd. 16, 17) und Alaska (Bd. 29) oder britische

Moore (Bd. 27). Drei Bände sind allein den Ökosystemen unter mediterranen Klimabedingungen gewidmet – einem Vegetationstyp, der in letzter Zeit besonders intensives ökologisches Interesse gefunden hat. Entstehung und Struktur mediterraner Ökosysteme werden unter allgemeineren Gesichtspunkten in Band 7 behandelt, eine Gruppe amerikanischer und chilenischer Wissenschaftler publizieren in Bd. 39 die Ergebnisse langjähriger vergleichender Untersuchungen im kalifornischen Chaparral und im mittelchilenischen Matorral, und im vorletzten Jahr erschien Bd. 43 mit einer weltweit ausgerichteten Studie über die Bedeutung der Nährstoffversorgung und des Nährstoffumsatzes in den mediterranen Hartlaubformationen. Quantitative Beschreibungen der in Ökosystemen ablaufenden Prozesse mit Hilfe von umfassenden mathematischen Modellen sind in Grasländereien wie Prärien und Steppen besonders weit fortgeschritten; in Band 26 wird ein solches Simulationsmodell von einer führenden amerikanischen Arbeitsgruppe vorgestellt. Hierbei geht es auch um Fragen der angewandten, landwirtschaftlichen Landnutzung, Probleme, denen für semiaride Gebiete ein eigener Band gewidmet ist (Bd. 34). Fragen von Bewässerungskulturen in Trockengebieten und den damit verbundenen Gefahren von Bodenversalzung werden in den Bänden 4, 5 und 51 behandelt; sie sprechen den wissenschaftlichen, an mehr theoretischen Problemen interessierten Ökologen gleichermaßen an, wie den land- und forstwirtschaftlichen Praktiker. Eine globale Übersicht über die Stoffproduktion der gesamten Biosphäre wird in Band 14 gegeben.

Neben den terrestrischen Ökosystemen finden auch aquatische Biotope gebührende Berücksichtigung, von der Biologie des Indischen Ozeans (Bd. 3) bis zur Beschreibung und Analyse mariner Küstenbiotope (Bd. 24 und 25), von der Salzmarsch (Bd. 38) bis zur Darstellung von Struktur und Funktion der Litoralzone von Fischteichen (Bd. 28). Neue Wege einer ökologischen Mikropaläontologie werden in Band 50 beschritten, um die marinen Umweltbedingungen früherer Zeitepochen für den Golf von Aqaba zu rekonstruieren. – Leider treten im Rahmen der Serie zoologische neben den botanischen Aspekten bislang noch zurück. Eine interessante Ausnahme ist Band 40, in dem Ökologie und Sozialverhalten des Steinbocks in den Gebirgen Äthiopiens behandelt werden. Adäquate Untersuchungsmethoden spielen für die ökologische Arbeit oft eine ausschlaggebende Rolle; die Entwicklung oder Adaptation geeigneter Meß- und Arbeitsverfahren ist daher für die moderne ökologische Forschung sehr bedeutungsvoll. Mehrere Bände der Ecological Studies behandeln methodische Fragenkomplexe und sind zu Standardwerken auf ihren Gebieten geworden. Methoden zur Untersuchung des Wasserhaushaltes der Pflanzen (Bd. 9) und zum Studium pflanzlicher Wurzelsysteme (Bd. 33) wären hier an erster Stelle zu nennen. Band 18 befaßt sich mit Verfahren des „remote sensing" in seiner Anwendung für die Umweltwissenschaften. Ebenso werden theoretische Komplexe der Ökologie im Rahmen der Serie behandelt, z.B. Verfahren zur Definition und Beschreibung von Populationen in biologischen Tier- und Pflanzengemeinschaften (Bd. 20) und ihre genetischen Grundlagen (Bd. 6) oder die mathematische Analyse und Modellbildung über epidemisches Auftreten von Pflanzenkrankheiten (Bd. 13).

Die ökologische „Standortslehre" macht es sich zur Aufgabe, die physikalisch-chemischen Umweltparameter für Organismen und Organismengemeinschaften im einzelnen zu analysieren und quantitativ in ihrer Wirkung auf die Lebewesen darzustellen oder den Komplex des Standortes zu erfassen. Den Grundprinzipien der biophysikalischen Umwelt von Tieren und Pflanzen ist Band 12 der Ecological Studies gewidmet. Phänologische Erscheinungen werden als Ergebnis der Einwirkung äußerer Klimafaktoren in Band 8 modellmäßig erfaßt. die Entstehung und das Verhalten des Bodens und die Geochemie erfahren in Band 37 und in Band 35 eine holistische Behandlung unter standortsökologischen Gesichtspunkten. Daneben wird die Bedeutung einzelner Standortsfaktoren für die Existenz der Pflanzen und Tiere und für die Zusammensetzung von Organismengemeinschaften untersucht, wie etwa die erhöhte Salzkonzentration (Bd. 15), die unter ariden Klimabedingungen zu extremen, ökologisch besonders interessanten hypersalinen Biotopen führen kann (Bd. 53) oder das Feuer, das den Standortscharakter südafrikanischer Savannen wesentlich mit prägt (Bd. 48). Der nächste Schritt einer Kausalanalyse leitet über zur ökophysiologischen Untersuchung der Funktionen von Pflanze und Tier, in das Grenzgebiet von Ökologie mit Physiologie, Biophysik und Biochemie, das in den letzten Jahren ganz besonderes

Interesse gefunden hat. Ein biochemisches Konzept der Temperaturwirkung wird in Band 21 der Serie entwickelt, und in Band 19 wird die Bedeutung des Wassers für das Leben der Pflanzen unter ökophysio-

logischen Gesichtspunkten dargestellt. Vegetationskundliche Phänomene wie die Baum- und Waldgrenze im Hochgebirge werden auf ihre funktionell-ökologischen Grundlagen zurückgeführt (Bd. 31),

Ecological Studies 19

Water and Plant Life

Problems
and Modern Approaches

Edited by
O. L. Lange L. Kappen E.-D. Schulze

Springer-Verlag
Berlin Heidelberg New York

73

oder es wird eine spezielle physiologische Anpassung an Trockenbedingungen, nämlich der Säurestoffwechsel sukkulenter Pflanzen, analysiert (Bd. 30). In Band 36 wird von einer Gruppe australischer und amerikanischer Wissenschaftler der Versuch unternommen, für eine Pflanzengattung, für die weltweit vorkommende Melde (*Atriplex*), systematisches, genetisches, ökologisches und physiologisches Wissen zusammenzufassen und so zu einem integrierenden Kausalverständnis von Standortswahl und Verbreitung zu gelangen – Beginn einer neuen Ära ökologischer Synthesen.

In zunehmendem Maße setzten sich Bände der „Ecological Studies" in den letzten Jahren auch mit den wichtigen Problemen anthropogener Umweltbeeinflussung und deren Bedeutung für pflanzliche und tierische Existenz auseinander. Die biologischen Konsequenzen der inselartigen Isolierung von Waldstandorten in menschlichen Siedlungsräumen für Überleben und Entwicklung von Organismenpopulationen werden in Band 41, die Folgen der Zerstörung von natürlichen Ökosystemen durch den Menschen in Band 44 behandelt. Gefahr und

Auswirkung der Eutrophierung wird in Zusammenhang mit der Landnutzung als Fallstudie für einen amerikanischen See in Colorado dargestellt (46); Transport und Schicksal von anthropogenen Verunreinigungen im Erdreich zwischen der Bodenoberfläche und dem Grundwasserhorizont werden von einer israelischen Gruppe bearbeitet (Bd. 47). Über einen großangelegten Simulationsversuch zur Wirkung von Schwefeldioxid auf Grasgesellschaften im nordamerikanischen Raum berichtet Band 45, über die Beeinflussung von Waldgesellschaften durch Industrieabgase in Polen Band 49. Sowohl saure Luftverunreinigungen (Bd. 22) als auch Photooxidantien (Bd. 52) werden in ihrer Entstehung, ihrem Transport und in ihrer Wirkung auf Pflanzen analysiert, und Grenzwerte für Schädigungen werden erarbeitet und zusammengestellt, die als biologische Grundlage für Kontrollvorschriften angesehen werden können. Damit schließt sich der Themenkreis der bisherigen Titel innerhalb der „Ecological Studies", der von der theoretischen Erarbeitung ökologischen Grundlagenwissens bis zur Anwendung ökologischer Erkenntnisse innerhalb unserer Zivilisationsgesellschaft reicht.

Es ist immer wieder ein eindrucksvolles Erlebnis für mich als Mitherausgeber dieser Buchserie, beim Besuch von Botaniker-Kollegen in aller Welt – von Amerika bis Australien und Rußland und von Papua Neuguinea bis Chile oder gar China – die grünen Bände unserer Serie auf den Bücherregalen in den Labors und Arbeitszimmern zu sehen. Das empfinde ich als Ausdruck einer Verbindung zwischen Menschen durch gleiche Interessen und gleiches Engagement über alle Grenzen hinweg. Und ich bilde mir ein, daß unsere Fachbücher über die reine Verbreitung von Wissen hinaus dazu beitragen können, Verständigung und Verstehen unabhängig von Nationen, politischen Systemen und Weltanschauungen zu ermöglichen. Die Wissenschaftler danken dem Verleger, daß er ihnen den Weg zur Verbreitung ihrer „Botschaften" bereitet. Ich danke Ihnen, Herrn Dr. Springer und Ihren Verlagsmitarbeitern für langjährige, schöne, anregende und freundschaftliche Zusammenarbeit – und ich hoffe auf erfolgreiche Fortsetzung unseres „Frühsports" für das Lieblingskind, für die „Ecological Studies".

Otto L. Lange

Anhang:
Bandtitel der „Ecological Studies" 1970 bis 1985

Band 1   D.E. Reichle (ed.): Analysis of Temperate Forest Ecosystems. (1970)
Band 2   H. Ellenberg (ed.): Integrated Experimental Ecology. Methods and Results of Ecosystem Research in the German Solling Projekt. (1971)
Band 3   B. Zeitzschel and S.A. Gerlach (ed.): The Biology of the Indian Ocean. (1973)
Band 4   A. Hadas, D. Swartzendruber, P.E. Rijtema, M. Fuchs and B. Yaron (ed.): Physical Aspects of Soil Water and Salts in Ecosystems. (1973)
Band 5   B. Yaron, E. Danfors, Y. Vaadia (ed.): Arid Zone Irrigation. (1973)
Band 6   K. Stern and L. Roche: Genetics of Forest Ecosystems. (1974)
Band 7   F. di Castri and H.A. Mooney (ed.): Mediterranean Type Ecosystems. Origin and Structure. (1973)
Band 8   H. Lieth (ed.): Phenology and Seasonality Modeling. (1974)
Band 9   B. Slavík: Methods of Studying Plant Water Relations. (1974)
Band 10   A.D. Hasler (ed.): Coupling of Land and Water Systems. (1975)
Band 11   F.B. Golley and E. Medina (ed.): Tropical Ecological Systems. Trends in Terrestrial and Aquatic Research. (1975)
Band 12   D.M. Gates and R.B. Schmerl (ed.): Perspectives of Biophysical Ecology. (1975)
Band 13   J. Kranz (ed.): Epidemics of Plant Diseases. Mathematical Analysis and Modeling. (1974)
Band 14   H. Lieth and R.H. Whittaker (ed.): Primary Production of the Biosphere. (1975)
Band 15   A. Poljakoff-Mayber and J. Gale (ed.): Plants in Saline Environments. (1975)
Band 16   F.E. Wielgolaski (ed.): Fennoscandian Tundra Ecosystems. Part 1. Plants and Microorganisms. (1975)
Band 17   F.E. Wielgolaski (ed.): Fennoscandian Tundra Ecosystems. Part 2. Animals and Systems Analysis. (1975)
Band 18   E. Schanda (ed.): Remote Sensing for Environmental Sciences. (1976)
Band 19   O.L. Lange, L. Kappen and E.-D. Schulze (ed.): Water and Plant Life. Problems and Modern Approaches. (1976)
Band 20   F.B. Christiansen and T.M. Fenchel: Theories of Populations in Biological Communities. (1977)
Band 21   V.Ya. Alexandrov: Cells, Molecules and Temperature. Conformational Flexibility of Macromolecules and Ecological Adaptation. (1977)
Band 22   R. Guderian: Air Pollution. Phytotoxity of Acidic Gases and Its Significance in Air Pollution Control. (1977)
Band 23   F.D. Por: Lessepsian Migration. The Influx of Red Sea Biota into the Mediterranean by Way of the Suez Canal. (1978)
Band 24   J.N. Kremer and S.W. Nixon: A Coastal Marine Ecosystem. Simulation and Analysis. (1978)
Band 25   G. Rheinheimer (ed.): Microbial Ecology of a Brackish Water Environment. (1977)
Band 26   G.S. Innis (ed.): Grassland Simulation Model. (1978)
Band 27   O.W. Heal and D.F. Perkins (ed.): Production Ecology of British Moors and Montane Grasslands. (1978)
Band 28   D. Dykyjová and J. Kvĕt (ed.): Pond Littoral Ecosystems. Structure and Functioning. (1978)
Band 29   L.L. Tieszen (ed.): Vegetation and Production Ecology of an Alaskan Arctic Tundra. (1978)
Band 30   M. Kluge and I.P. Ting: Crassulacean Acid Metabolism. (1978)
Band 31   W. Tranquillini: Physiological Ecology of the Alpine Timberline. Tree Existence at High Altitudes with Special Reference to the European Alps. (1979)
Band 32   N. French (ed.): Perspectives in Grassland Ecology. (1979)
Band 33   W. Böhm: Methods of Studying Root Systems. (1979)
Band 34   A.E. Hall, G.H. Cannell and H.W. Lawton (ed.): Agriculture in Semi-Arid Environments. (1979)
Band 35   J.C. Fortescue: Environmental Geochemistry. A Holistic Approach. (1980)
Band 36   C.B. Osmond, O. Björkman and D.J. Anderson. Physiological Processes in Plant Ecology. Toward a Synthesis with Atriplex. (1980)

Band 37 H. Jenny: The Soil Resource. Origin and Behavior. (1980)
Band 38 L.R. Pomeroy and R.G. Wiegert (ed.): The Ecology of a Salt Marsh. (1981)
Band 39 P.C. Miller (ed.): Resource Use by Chaparral and Matorral. A Comparison of Vegetation Function in Two Mediterranean Type Ecosystems. (1981)
Band 40 B. Nievergelt: Ibexes in an African Environment. (1981)
Band 41 R.L. Burgess and D.M. Sharpe (ed.): Forest Island Dynamics in Man-Dominated Landscapes. (1981)
Band 42 B.J. Huntley and B.H. Walker (ed.): Ecology of Tropical Savannas. (1982)
Band 43 F.J. Kruger, D.T. Mitchell and J.U.M. Jarvis (ed.): Mediterranean-Type Ecosystems. The Role of Nutrients. (1983)
Band 44 H.A. Mooney and M. Godron (ed.): Disturbance and Ecosystems. Components of Response. (1983)
Band 45 W.K. Lauenroth and E.M. Preston (ed.): The Effects of SO_2 on a Grassland. A Case Study in the Northern Great Plains of the United States. (1984)
Band 46 W.M. Lewis, Jr., J.F. Saunders, III, D.W. Crumpacker, Sr. and C. Brendecke: Eutrophication and Land Use. Lake Dillon, Colorado. (1984)
Band 47 B. Yaron, G. Dagan, J. Goldshmid (ed.): Pollutants in Porous Media. The Unsaturated Zone Between Soil Surface and Groundwater. (1984)
Band 48 P. de V. Booysen and N.M. Tainton (ed.): Ecological Effects of Fire in South African Ecosystems. (1984)
Band 49 W. Grodziński, J. Weiner and P.F. Maycock (ed.): Forest Ecosystems in Industrial Regions. (1984)
Band 50 Z. Reiss and L. Hottinger: The Gulf of Aqaba. Ecological Micropaleontology. (1984)
Band 51 I. Shainberg and J. Shalhevet (ed.): Soil Salinity Under Irrigation. Processes and Management. (1984)
Band 52 R. Guderian (ed.): Air Pollution by Photochemical Oxidants. Formation, Transport, Control and Effects on Plants. (1985)
Band 53. G.M. Friedman and W.E. Krumbein (ed.): Hypersaline Ecosystems. The Gavish Sabkha. (1985)
Band 54 K. Reise: Tidal Flat Ecology. An Experimental Approach to Species Interactions. (1985)
Band 55 T.D. Brock: A Eutrophic Lake. Lake Mendota, Wisconsin. (1985)
Band 56 J. Zucchetto and A.-M. Jansson: Resources and Society. A Systems Ecology Study of the Island of Gotland, Sweden. (1985)

Der Verleger und sein Studienfach

(Encyclopedia of Plant Physiology)

ANDRÉ PIRSON

Der Schreiber dieser Zeilen gehört zu der großen Zahl von Fachgenossen im weiten und engeren Sinne, die sich beim heutigen besonderen Anlaß die großen Verdienste des Springer-Verlages für die Naturwissenschaft und im einzelnen die vielfältigen Hilfen durch die Leitung und ihre Mitarbeiter dankbar vor Augen halten. Seine Publikationen – Lehrbücher, Reihen, Monographien und Zeitschriften – haben uns alle in der Forschung und der akademischen Lehre ständig begleitet und angeregt. Sie sind zudem für jeden, den auch die äußere Gestalt der zur Hand genommenen Druckwerke anspricht, stets erfreuliche Gebrauchsgegenstände und Zeugnisse moderner wissenschaftlicher Buchkultur gewesen. In dieser allgemeinen Verbundenheit das Wort zu führen, kommt Berufeneren zu. Der Herausgeber der Reihe „Encyclopedia of Plant Physiology, New Series" möchte sich auf seine unmittelbare Kompetenz beschränken und dem Jubilar, Herrn Dr. Konrad Ferdinand Springer, als dem Initiator dieser Edition mit einigen Erinnerungen und Gedanken seine Reverenz erweisen. Er muß dies mit herzlichem Bedauern allein tun. Denn der Mitherausgeber, Professor Martin H. Zimmermann von der Harvard Universität, ist am 7. März 1984 nach schwerer Krankheit allzu früh verstorben. Si-

cher hätte er seine eigenen Glückwünsche dargebracht; ist er doch auch Verfasser zweier höchst origineller Bücher des Verlags über Baumphysiologie gewesen; das zweite, unmittelbar vor dem Tode zum Abschluß gebracht, wird mit seinem Epilog jeden Leser innerlich berühren.

Dank und gute Wünsche sollen an dieser Stelle vor allem Dr. Konrad F. Springer als dem der Pflanzenphysiologie seiner wissenschaftlichen Herkunft nach besonders verbundenen Verleger gelten. Denn dies Fach hat unter vielen anderen Interessen den Schwerpunkt seines Studiums ausgemacht, das 1963 an der Universität Zürich bei Professor H. Wanner mit der Promotion abgeschlossen wurde. Die Dissertationsarbeit trägt den Titel: „Untersuchungen über den Nikotinsäure- und Trigonellingehalt in Blättern von *Coffea arabica*". Noch im gleichen Jahre ist er in die Geschäftsführung des Verlages eingetreten. Das große, etwa 22000 Seiten starke „Handbuch der Pflanzenphysiologie", dessen Konzeption und Herausgabe Wilhelm Ruhland in bewundernswertem Altersengagement bis zu seinem Tode (1960) betreut hatte, war schließlich 1967 mit 18 Bänden zu Ende geführt worden. Es bot und bietet dem Fachmann eine übersichtliche Zusammenstellung und Auswertung

der gesamten auf dem Gebiet erschienenen Literatur, oft von den ersten Anfängen bis hin zum jeweiligem Erscheinungstermin der einzelnen Bände. Als W. Ruhland nach dem Ende des Krieges daran gehen konnte, die schon länger gehegten Pläne in die Form einer festen Disposition zu bringen, erschien bei allen damals gegebenen äußeren Beschränkungen die Situation für das Vorhaben vom Fache her relativ günstig. Es war die Zeit eines noch zaghaften, neuen Starts der Forschung – wenigstens in Europa –, und der Wunsch, das bisher Erreichte für die Zukunft niedergelegt zu sehen und damit auch den internationalen Zusammenhalt im Fache zu bestätigen und neu zu beleben, war in Deutschland besonders rege. Zugleich war klar geworden, daß die Pflanzenphysiologie wie alle anderen naturwissenschaftlichen Fächer, viele frische Impulse von den schon Ende der dreißiger Jahre erreichten und während der Kriegsjahre vor allem in den USA gewonnenen Erkenntnissen zu erwarten hatte. Die Weiterentwicklung der Elektronenmikroskopie und damit der biologischen Feinstrukturforschung, die Isotopentechnik mit ihren Möglichkeiten, in bisherige Geheimnisse des Stoffumsatzes einzudringen, die molekulare Genetik mit allen Auswirkungen auf Arbeit und Denken der Entwicklungsphysiologen boten besonders wichtige Zukunftsaspekte. Freilich war die Anlaufzeit recht lang, und so haben sich die erhofften Fortschritte erst in den späteren Bänden von Ruhlands Handbuch mit dem ihnen zustehenden Nachdruck bemerkbar machen können. Manche weiteren zukunftsträchtigen Tendenzen, z.B. die verglei-

ENCYCLOPEDIA OF PLANT PHYSIOLOGY

EDITED BY

W. RUHLAND

COEDITORS

E. ASHBY · J. BONNER · M. GEIGER-HUBER · W. O. JAMES
A. LANG · D. MÜLLER · M. G. STÅLFELT

VOLUME V

THE ASSIMILATION OF CARBON DIOXIDE

PART 1

CONTRIBUTORS

D. I. ARNON · S. ARONOFF · J. A. BASSHAM · K. BUCH · M. CALVIN
K. A. CLENDENNING · K. EGLE · J. FRANCK · C. S. FRENCH · T. W. GOODWIN
F. T. HAXO · E. KESSLER · H. KOEPF · B. KOK · D. W. KUPKE · R. LIVINGSTON
W. E. LOOMIS · L. MEYER · J. MYERS · C. Ó HEOCHA · A. PIRSON · F. RUTTNER
W. SIMONIS · E. STEEMANN NIELSEN · J. B. THOMAS · R. VAN DER VEEN · H. T. WITT

SUBEDITOR

A. PIRSON

WITH 331 FIGURES

SPRINGER-VERLAG
BERLIN · GÖTTINGEN · HEIDELBERG
1960

HANDBUCH DER PFLANZENPHYSIOLOGIE

HERAUSGEGEBEN VON

W. RUHLAND

IN GEMEINSCHAFT MIT

E. ASHBY · J. BONNER · M. GEIGER-HUBER · W. O. JAMES
A. LANG · D. MÜLLER · M. G. STÅLFELT

BAND V

DIE CO₂-ASSIMILATION

TEIL 1

BEARBEITET VON

D. I. ARNON · S. ARONOFF · J. A. BASSHAM · K. BUCH · M. CALVIN
K. A. CLENDENNING · K. EGLE · J. FRANCK · C. S. FRENCH · T. W. GOODWIN
F. T. HAXO · E. KESSLER · H. KOEPF · B. KOK · D. W. KUPKE · R. LIVINGSTON
W. E. LOOMIS · L. MEYER · J. MYERS · C. Ó HEOCHA · A. PIRSON · F. RUTTNER
W. SIMONIS · E. STEEMANN NIELSEN · J. B. THOMAS · R. VAN DER VEEN · H. T. WITT

REDIGIERT VON

A. PIRSON

MIT 331 ABBILDUNGEN

SPRINGER-VERLAG
BERLIN · GÖTTINGEN · HEIDELBERG
1960

chende Behandlung von Ultrastrukturen und physiologischen Aktivitäten, ein tieferes Verstehen des Wesens biologischer Regulationsvorgänge, auch die sich mehr und mehr durchsetzende Konzeption des Wasserpotentials in seiner integrierenden Bedeutung waren noch nicht bekannt oder nur im Ansatz behandelt. Daher kam Dr. Springer, der sich im steten Umgang mit Fachkollegen, vor allem beim Besuch von Tagungen und Kongressen, stets auf dem Laufenden zu halten wußte, bald der Gedanke, das Handbuch W. Ruhlands durch eine zweite Reihe zu ergänzen.

Beim Stande der Forschung vor etwa 15 Jahren konnte es sich nicht um eine Neuauflage handeln, wenn auch aus bibliographischen Gründen eine Kontinuität in der Disposition in Erwägung zu ziehen war. Dieser Frage und natürlich vielen anderen sachlichen und personellen Recherchen galten Dr. Springers erste Maßnahmen, wobei eine größere Zahl von Fachvertretern in Einzelgesprächen und Zusammenkünften im Heidelberger Haus und auch im New Yorker Flatiron – „Schiffsbug" zugezogen wurden. Unproblematisch erschien der Übergang von der Mehrsprachigkeit (Deutsch – Englisch – Franzö-

sisch) zur rein englischen Ausgabe, so daß der frühere Nebentitel „Encyclopedia of Plant Physiology" mit dem Zusatz „New Series" das „Handbuch" ersetzte, zeitgemäßer Ausdruck internationaler Kommunikation und auch des großen Anteils angloamerikanischer Forschungsbeiträge innerhalb der Naturwissenschaften. Nebenbei sei bemerkt, daß sich dann recht verschiedene Varianten des Englischen zusammenfanden, manchmal von ihren Autoren mit ausgesprochenem Selbstbewußtsein praktiziert; hierzu könnte besonders die Copy-Editorin einige amüsante Anekdötchen beitragen.

78

Wesentlich diffiziler waren die Überlegungen zur Stoffeinteilung, weil sich manche bisher getrennte oder gut abgrenzbare Gebiete zu überschneiden begonnen oder gar vereinigt hatten. Nicht für alle Bandtitel wurde eine der Physiologie angemessene rein funktionelle Bezeichnung gefunden. Dies ergibt jedoch nur scheinbar ein uneinheitliches Bild. Denn die in den Bänden „Plant Carbohydrates" und „Protein und Nucleic Acids in Plants" behandelten Biopolymere weisen ja schon in ihrer molekularen Gestalt auf die Funktionen hin, über die jeweils zu berichten war.

Dies gilt weniger für die „Secondary Plant Products", über deren Definition die Auffassungen noch immer auseinandergehen. Ihre Biosynthesewege, ihre Einbeziehung in Zellstoffwechsel und Regulation sowie ihre ökologische Bedeutung sind aber gerade in letzter Zeit genauer erforscht und gut belegt worden.
Im Hinblick auf die Unsicherheit der Prognosen, wo jeweils molekularbiologische Methoden und Erkenntnisse bzw. das verfeinerte Instrumentarium von Biochemie und Biophysik der Zellbiologie und der Physiologie von Geweben und Ge-

samtorganismen aktuelle Impulse erteilen würden, wurde zunächst eine offene Planung vereinbart („open series"), dies freilich nicht im Sinne einer „unendlichen Geschichte". Einige weitere Gesichtspunkte aus Planung und redaktioneller Arbeit, an denen Dr. Springer immer mit großem Interesse und bewährter Sachkunde beteiligt war, seien im folgenden in Erinnerung gebracht. Da sich die Serie inzwischen ihrem Abschluß nähert, können auch einige Erfahrungen über Ergebnis und Widerhall einfließen.

Encyclopedia of
Plant Physiology

New Series   Volume 1

Editors
A. Pirson, Göttingen
M. H. Zimmermann, Harvard

Transport in Plants I
Phloem Transport

Edited by

M. H. Zimmermann and J. A. Milburn

Contributors

M. J. P. Canny J. Dainty A. F. G. Dixon W. Eschrich
D. S. Fensom D. R. Geiger W. Heyser W. Höll
J. A. Milburn T. R. F. Nonweiler M. V. Parthasarathy
J. S. Pate A. J. Peel S. A. Sovonick D. C. Spanner
P. M. L. Tammes M. T. Tyree J. Van Die H. Ziegler
M. H. Zimmermann

With 93 Figures

Springer-Verlag Berlin Heidelberg New York 1975

Da Ruhlands Handbuch die ältere
Entwicklung des Faches bereits ab-
gedeckt hatte, waren in der neuen
„Encyclopedia" historische Exkurse
weitgehend auszuschließen. Doch
hat sich gezeigt, daß daraus kein
Prinzip gemacht werden durfte;
denn im Licht neuerer Einsichten
gewinnen manchmal alte Beobachtungen und Vorstellungen wieder
aktuellen Wert. Daher wurde die
Kontinuität der Probleme durch gelegentliche Rückgriffe auf frühere
Jahrzehnte verdeutlicht und sollte
nicht durch Überaktualisierung der
Darstellung verdeckt werden. Insofern war ein grundsätzlicher Unterschied zu anderen Publikationsor-
ganen von vornherein gegeben. Aktualität war gewiß stets anzustre-
ben, doch innerhalb einer längerfri-
stigen Edition mit ihren sehr zahlreichen Autoren schon aus technischen Gründen nicht immer voll er-
reichbar. Wichtig erschien es jedenfalls, der heute manchmal allzu
deutlichen Neigung entgegenzuwir-
ken, in augenblicksbezogenem Denken und Argumentieren nur wenige
Jahre zurückliegende Publikationen
in den Hintergrund oder gar in
Vergessenheit geraten zu lassen.
Im Unterschied zum alten Handbuch erschien es nicht mehr sinnvoll, an die Spitze der Edition
Bände mit „Allgemeinen Grundlagen" zu stellen. Eher entsprach es
dem Forschungsstand, solche
grundlegenden Gesichtspunkte innerhalb der verschiedenen Gebiete
der Physiologie zur Geltung zu
bringen. Dies gilt z.B. für Trans-
portfragen. Ihre gemeinsame Behandlung in den drei ersten Bänden
vom Ferntransport in ganzen
Pflanzen über den sog. Kurzstrek-
kentransport bis hinein ins Zell-
innere erschien seinerzeit einigen

Beratern zu gewagt oder verfrüht.
Es mag heute erstaunlich erscheinen, daß vor etwa 15 Jahren Stofftransport und -austausch zwischen
Zellkompartimenten bzw. Organellen und Cytoplasma manchen For-
schern – besonders biochemischer
Ausrichtung – noch kaum ins Be-
wußtsein gerückt waren. Im Laufe
der Edition tauchte diese Problema-
tik als zentrales Anliegen der Biologie fast in allen Bänden auf, jedenfalls dort, wo es sich um die Rolle
von Biomembranen handelte.
Im alten Handbuch war verschie-
dentlich das Fehlen einer geschlossenen Darstellung der Phytopatho-
logie vermißt worden. Dem wurde
in der „New Series" durch einen eigenen Band Rechnung getragen,
der sich bei der Fülle des Stoffes
auf die Probleme der Wirt-Parasit-
Beziehungen konzentriert. Er hat
damit guten Anklang gefunden.
Dieser Band unterhält innerhalb
der Reihe die engsten Beziehungen
zur Mikrobiologie. Diese konnte
sonst nur knapp und in spezielleren
Fällen einbezogen werden, so wün-
schenswert es auch gewesen wäre,
die Physiologie der Pro- und Euka-
ryonten immer wieder in Vergleich
zu setzen. – Der anfängliche Gedanke, die mineralische Ernährung
könne in verschiedene andere
Bände inkorporiert werden, wurde
von Vertretern des Gebiets über-
zeugend bestritten. Es blieb daher
wie früher bei einem eigenen
Bande, dessen Zentrum der Mine-
ralsalzbedarf und die Analyse von
Mangelerscheinungen bildet. Natürlich tritt die Funktion mineralischer
Komponenten und Ionen in anderen Bänden immer wieder in ihr
Recht. Allgemein mußten eben solche die heutige Forschung kenn-
zeichnenden Querverbindungen mit

ihren Mehrfachbezügen in Kauf genommen werden, zumal jeder Band
für sich im Interesse seiner Benut-
zer möglichst geschlossen gestaltet
werden sollte.
Gegenstand interessanter Diskussionen war die Frage, wie in einer
der Physiologie gewidmeten Reihe
die Belange der Ökologie berücksichtigt werden sollten. Hier handelte es sich um ein altes Anliegen
von Dr. Springer, der sich schon
vor vielen Jahren, jedenfalls völlig
unabhängig von aktueller Hektik,
Gedanken über die Förderung fun-
dierter Anliegen der Ökologie
durch den Verlag gemacht hatte.
Im alten Handbuch war der phy-
siologisch-ökologische Aspekt nicht
vernachlässigt worden, seine Einbeziehung jedoch oft etwas problema-
tisch. So erinnere ich mich, daß ich
damals als Herausgeber des Photo-
synthese-Bandes mit Beschwerden
biochemisch ausgerichteter Autoren
befaßt war, die ihre Beiträge nicht
neben ökophysiologischen Artikeln
zu sehen wünschten. Dies Problem
löste sich durch die ohnehin notwendige Aufteilung des Stoffes auf
zwei Teilbände. Heute kann sich
die Ökologie dagegen verwahren,
als eine Wissenschaft persifliert zu
werden, deren Aufgabe in der „Per-
petuierung von Unsicherheiten" be-
stehe. Gerade die Altmeister der
Ökophysiologie in Deutschland
(Franz Firbas, Otto Stocker, Hein-
rich Walter) haben mit ihrer
Lebensarbeit wesentlich zur heutigen Reputation der wissenschaftlichen Ökologie beigetragen; außerdem haben sich erhebliche Verbesserungen der Methoden bei Frei-
landuntersuchungen als „ver-
trauensbildende Maßnahmen" bewährt. Von dem Expertenkreis der
späteren Herausgeber wurde

schließlich in einer Sitzung mit Dr. Springer in Würzburg beschlossen, innerhalb der „New Series" eine Gruppe von vier Teilbänden unter dem Obertitel „Physiological Plant Ecology" herauszubringen. Natürlich waren auch hier viele Berührungspunkte mit anderen Bänden gegeben und zu rechtfertigen.

Trotz der zentralen Bedeutung des Wasserfaktors erübrigte sich nun in der Serie ein selbständiger Band über den pflanzlichen Wasserhaushalt, also eine Neuauflage des gewichtigen Teiles, den O. Stocker in Ruhlands Handbuch betreut hatte. Hier konnte auch auf die vorangehenden Transport-Bände der „New Series" zurückgegriffen werden. Es hat sich inzwischen gezeigt, daß dieses Vierer-Unternehmen weithin begrüßt wird. Allerdings wünschten sich einige Ökologen eine stärker integrierende Bearbeitung. Dazu sei bemerkt, daß eine physiologische Edition geradezu per definitionem nur Bausteine für eine Ökosystemforschung liefern kann; diese aber ist ihrerseits auf solche Hilfen angewiesen, weil sie ohne subtile Kenntnis der Systempartner mit leeren Händen operieren würde. Selbstverständlich wird nicht behauptet, mit Bausteinen allein ließe sich das Verständnis eines Ökosystems bewältigen. Vielleicht hätte der etwas weniger anspruchsvolle Titel „Ecological Plant Physiology" die Absicht des Vorhabens besser gekennzeichnet als die umgekehrte Formulierung. Im übrigen ist es Aufgabe der Reihe „Ecological Studies" des Springer-Verlags, über die Vermittlung physiologischer Grundlagen hinaus die Gesamtbelange der Ökologie zu vertreten. Über diese Reihe mit ihren bereits zahlreichen Einzelbänden wird von Otto L. Lange an anderer Stelle in diesem Buch berichtet.

Längere Erwägungen gab es auch darüber, ob es möglich und ratsam sei, die pflanzliche Wachstums- und Entwicklungsphysiologie wie früher in eigenen Bänden darzustellen. Abgesehen von der vertieften Einsicht, daß Wachstum und Entwicklung grundsätzlich zusammengehören, erschien es rationeller und auch dem Forschungsstande angemessen, den Gesamtkomplex aufzuteilen. Das System der Genexpression mit seinen pflanzentypischen Elementen wurde als dynamische Komponente dem Teilband „Nucleic Acids" innerhalb der Bandgruppe der organischen Stickstoffverbindungen zugeteilt, das anschließende Entwicklungsgeschehen mit seinen Problemen der Perzeption (Rezeption) und Transduktion war in den Bänden „Physiology of Movements" und „Photomorphogenesis" anzusiedeln. Wichtige Teilaspekte bringt auch der Band „Cellular Interactions". Erhebliche Hoffnungen richteten sich in diesem Zusammenhang auf die in drei Bänden geplante Gruppe „Hormonal Regulation of Development". Doch wurde dies Vorhaben zum Sorgenkind der Edition. So bedeutend die Fortschritte gewesen sind, die sich auf dem Gebiet der Biosynthese und des Umsatzes der Hormone selbst ergeben haben, ist über die Folge und Verknüpfung der Hormonwirkungen noch allzu wenig Gesichertes bekannt. So hat es sich ergeben, daß hier die Diskussion weiterhin mit Spekulationen angereichert worden ist, die sich an altes und neues Erfahrungsgut anschließen. Die Ergebnisse im einzelnen hängen stark vom jeweils verwendeten Versuchsmaterial ab; Datenvielfalt und Komplexität machen den Bearbeitern noch recht viel Kopfzerbrechen und lassen manchem eine Prognose für die nächste Zukunft nicht gerade günstig erscheinen. Diese Situation hat dazu beigetragen, daß die Hormontrilogie in zeitlich stark versetzten Bänden herausgekommen ist.

Ein vergleichsweise geschlossenes Gebiet bildet noch heute die Photosynthese. Wie sich schon vor längerer Zeit absehen ließ, hat sich ihre Thematik jedoch sehr erweitert. Neben der Aufklärung des Elektronentransports und seiner Partner und der seit Mitchell so aktuellen Behandlung der Energiekonservierung sind vor allem die Regulationsmöglichkeiten in den Vordergrund des Interesses gelangt, ebenso auch der Einsatz des Photosyntheseapparats als unmittelbarer Energielieferant für Vorgänge, die neben oder an Stelle der CO_2-Reduktion (Calvin-Cyclus) ablaufen können. Der Anschluß der Photosynthese an den Stoffumsatz der übrigen Zelle, also der zellbiologische Aspekt, hat sich im Laufe der Jahre mehr und mehr entwickelt. Er wird, beginnend mit Band 3 über „Intracellulären Transport", in mehreren Bänden zur Sprache gebracht. Das Prinzip der „open series" hat sich im Photosynthesebereich insofern bewährt, als es möglich war, einen Band über Struktur und Funktion photosynthetischer Membranen nachzuplanen. Mit ihm als dritten Photosyntheseband wird die New Series vorläufig ihren Abschluß finden.

Anfänglich sollte die Pflanzenatmung in den Kohlenhydrat-Band aufgenommen werden. Die Fülle des hier zu bearbeitenden Materials hat dies nicht zugelassen. Zudem wurde immer deutlicher, daß die Atmung der Pflanzen und ihre Organellen (Mitochondrien) mehr Besonderheiten aufweisen, als man bei der früheren Tendenz zur Verallgemeinerung biochemischer Befunde angenommen hatte. So war ein eigener Band hierfür durchaus zu rechtfertigen.

Beim Abschluß der „New Series" verbleiben gewiß Lücken in der Behandlung des Gesamtgebietes, und schon jetzt sind etliche Desiderate angemeldet worden. Vielleicht wird es sich in einiger Zeit lohnen, auf neu gewonnener Ebene nochmals mit einer dritten Folge anzusetzen. Dies mag, abgesehen von Umfang und Art weiterer Fortschritte, mit davon abhängen, wieweit sich der menschliche Geist künftig der elektronischen Datenverarbeitung anvertrauen will.

Die persönliche Verbindung zu den Autoren des Verlages hat Dr. Springer stets sehr am Herzen gelegen. Für die Pflanzenphysiologen darf dies wohl in besonderem Maße gelten. Seine Lust am Reisen paarte sich mit dem Wunsch, menschliche Kontakte in aller Welt herzustellen und weiter zu pflegen. Als es um die Auswahl von Bandherausgebern für die „Encyclopedia" ging, mangelte es daher nicht an Vorschlägen von seiner Seite und dies Angebot

hätte es erlaubt, ein weit umfangreicheres Unternehmen mit Experten zu „bestücken". Freilich galt von Beginn an auch die einschränkende Vereinbarung, die Herausgabe eines Bandes nach Möglichkeit zwei Fachvertretern anzuvertrauen, wobei möglichst einer aus Kontinental-Europa, der andere aus Übersee (einschließlich England) stammen sollte. Solche Paarungen mußten auf schon bestehenden persönlichen oder fachlichen Beziehungen aufbauen. In vielen Fällen ist eine solche Doppelbesetzung gelungen und mehrfach hat es sich auch einrichten lassen, daß die Bandherausgeber für einige Zeit die Details ihrer Edition am gleichen Ort gemeinsam besprechen konnten. Andrerseits hat die räumliche Trennung gelegentlich Kommunikationsschwierigkeiten verursacht und Verzögerungen bewirkt; diese zwangen dann leider gerade die bei ihrem Manuskriptabschluß pünktlichen Autoren, ihre Beiträge zu revidieren. Ihnen sei auch bei dieser Gelegenheit besonderer Dank ausgesprochen. Bei solchen Komplikationen, die wohl der Organisation jedes größeren literarischen Vorhabens inhärent sind, hat Dr. Springer oft mit viel Verständnis vermittelt.

Zum Schluß sei der Bereich des Sachlichen verlassen und dem Serien-Editor ein Wort herzlichen Dankes für die im Laufe des letzten Jahrzehnts oftmals bewährte Gastfreundschaft im Heidelberger Verlagshause gestattet. Dieser gilt vor allem Dr. Springers unmittelbarem Umkreis in der obersten Etage, aber auch der „weiter unten" angesiedelten Herstellungsabteilung. Die reibungslose und darüber hinaus vertrauensvolle Zusammenarbeit, dazu die ständige Fürsorge, bedeutete immer Freude und Wohlbefinden, ebenso auf dem für Besucher so reizvollen Belvedere vor der historischen Kulisse jenseits des Nekkar – dies besonders im mild-farbigen Herbst! – wie dann im modernen Verlagshaus weit draußen „im Felde", wo die neue Weiträumigkeit Mitarbeiter und Gäste des Verlags zuvor bestehende technische Mängel hat vergessen lassen. Wie gut wäre es bestellt, könnte man überall im Umgang mit „Partnern" einem so guten Geist begegnen, wie ihn Konrad Springer um sich herum verbreitet und stets gepflegt hat. Er strahlt aus und wirkt auf alle zurück, gerade auch dann, wenn Schwierigkeiten und Sorgen im Leben zu bestehen sind. Möge es dem Jubilar vergönnt sein, sich noch viele Jahre des Umgangs in diesem Kreise und dazu auch der Jugend seiner eigenen Familie zu erfreuen.

André Pirson

Bandtitel der Encyclopedia of Plant Physiology, New Series von 1975–1986

Band 1 M.H. Zimmermann, J.A. Milburn: Transport in Plants I. Phloem Transport. (1975)

Band 2 U. Lüttge, M.G. Pitman: Transport in Plants II. Part A: Cells, Part B: Tissues and Organs. (1976)

Band 3 C.R. Stocking, U. Heber: Transport in Plants III. Intracellular Interactions and Transport Processes. (1976)

Band 4 R. Heitefuss, P.H. Williams: Physiological Plant Pathology. (1976)

Band 5 A. Trebst, M. Avron: Photosynthesis I. Photosynthetic Electron Transport and Photophosphorylation. (1977)

Band 6 M. Gibbs, E. Latzko: Photosynthesis II. Photosynthetic Carbon Metabolism and Related Processes. (1979)

Band 7 W. Haupt, M.E. Feinleib: Physiology of Movements. (1979)

Band 8 E.A. Bell, B.V. Charlwood: Secondary Plant Products. (1980)

Band 9 J. MacMillan: Hormonal Regulation of Development I. Molecular Aspects of Plant Hormones. (1980)

Band 10 T.K. Scott: Hormonal Regulation of Development II. The Functions of Hormones from the Level of the Cell to the Whole Plant. (1984)

Band 11 R.P. Pharis, D.M. Reid: Hormonal Regulation of Development III. Role of Environmental Factors. (1985)

Band 12 A O.L. Lange, P.S. Nobel, C.B. Osmond, H. Ziegler: Physiological Plant Ecology I. Responses to the Physical Environment. (1981)

Band 12 B O.L. Lange, P.S. Nobel, C.B. Osmond, H. Ziegler: Physiological Plant Ecology II. Water Relations and Carbon Assimilation. (1982)

Band 12 C O.L. Lange, P.S. Nobel, C.B. Osmond, H. Ziegler: Physiological Plant Ecology III. Responses to the Chemical and Biological Environment. (1983)

Band 12 D O.L. Lange, P.S. Nobel, C.B. Osmond, H. Ziegler: Physiological Plant Ecology IV. Ecosystem Processes: Mineral Cycling, Productivity and Man's Influence. (1983)

Band 13 A F.A. Loewus, W. Tanner: Plant Carbohydrates I. Intracellular Carbohydrates. (1982)

Band 13 B F.A. Loewus, W. Tanner: Plant Carbohydrates II. Extracellular Carbohydrates. (1981)

Band 14 A D. Boulter, B. Parthier: Nucleic Acids and Proteins in Plants I. Structure, Biochemistry and Physiology of Proteins. (1982)

Band 14 B B. Parthier, D. Boulter: Nucleic Acids and Proteins in Plants II. Structure, Biochemistry and Physiology of Nucleic Acids. (1982)

Band 15 A A. Läuchli, R.L. Bieleski: Inorganic Plant Nutrition. (1983)

Band 15 B A. Läuchli, R.L. Bieleski: Inorganic Plant Nutrition. (1983)

Band 16 A W. Shropshire Jr., H. Mohr: Photomorphogenesis. (1983)

Band 16 B W. Shropshire Jr., H. Mohr: Photomorphogenesis. (1983)

Band 17 H.F. Linskens, J. Heslop-Harrison: Cellular Interactions. (1984)

Band 18 R. Douce, D.A. Day: Higher Plant Cell Respiration. (1985)

Band 19 L.A. Staehelin, C.J. Arntzen: Photosynthesis III. Photosynthetic Membranes. (1986)

„*Wir verkaufen Freundschaft*"

Hubert Ziegler, München

Im Oktober 1984 war ich von der Universitá Degli Studi in Perugia/ Italien zu einem Vortrag eingeladen. In ihrer traditionellen Gastfreundschaft und eingedenk der bedeutenden und verwickelten Geschichte der alten umbrischen Universitätsstadt hatten die italienischen Kollegen eine abendliche Stadtführung unter sachkundiger Leitung des Kunsthistorikers angesetzt. Nachdem wir auf der Piazza Municipio die berühmte Fontana Maggiore im warmen Licht der Straßenlaternen bewundert hatten, fanden wir später in einer gerade an diesem Tage neueröffneten kleinen Majolika-Galerie an den Fliesen, Schalen und Krügen des Kunsthandwerkers die Motive der Reliefs von Niccolò und Giovanni Pisano an dem unteren polygonalen Becken des Brunnens wieder. Es entspann sich ein lebhaftes Gespräch zwischen dem Verfertiger dieser Werke und unserem Cicerone, der zu den dargestellten Figuren und Symbolen historische und kunst- und kulturgeschichtliche Erläuterungen gab. Als die Gruppe dann die Galerie verließ, ohne etwas gekauft zu haben (die Kunstfertigkeit des Inhabers hatte uns weniger überzeugt als seine Begeisterung und Freundlichkeit),

merkte ich an, daß bei uns im rauheren Norden wohl nach längeren Gesprächen ohne getätigtem Kauf der Abschied nicht so herzlich ausgefallen wäre. Die Antwort unseres Kunsthistorikers war sinngemäß: „In Italien verkaufen die Künstler ihren Mitbürgern zuerst Freundschaft; können sie zusätzlich auch noch ein Geschäft machen, ist dies eine freudige Überraschung."
Dieses Erlebnis ist mir eingefallen, als ich mich anschickte, Konrad F. Springer zu seinem 60. Geburtstag einige Zeilen zu widmen. Auch Konrad F. Springer's Verbindungen zu seinen Geschäftspartnern sind primär nicht vom Sinn nach möglichst einträglichen Geschäften bestimmt, sondern von herzlichen, sehr häufig freundschaftlichen Beziehungen.
Erstmals traf ich Konrad F. Springer wohl 1963 in Darmstadt, als er an der Feier des 75. Geburtstages von Otto Stocker, meines Amtsvorgängers in Darmstadt und Autors des „Grundriß der Botanik" im Springer-Verlag (1952), teilnahm. Konrad Springer war bei diesem ersten Gespräch zunächst vor allem daran interessiert, einen Kandidaten für die Neubearbeitung dieses Buches zu finden. Ich habe sowohl ihn wie meinen väterlichen Freund Otto Stocker sicher enttäuscht, weil ich diese Aufgabe nie angepackt habe. Gemildert wurde diese Ent-

täuschung bei Konrad F. Springer sicher durch seine einschlägige Verlegererfahrung, bei Stocker durch seine Altersweisheit.
Wir entdeckten aber schon in den ersten Gesprächen, daß wir eine Reihe von Gemeinsamkeiten aufzeigen konnten: Wir hatten beide menschlich und fachlich prägende Zeiten in Zürich verbracht (ohne uns dort kennenzulernen) und blieben Land und Leuten der Schweiz in dauerhafter Sympathie verbunden; wir hatten beide ein mehr von ästhetischen als von wissenschaftlichen Gesichtspunkten bestimmtes Interesse an Mineralien und Fossilien und wir hatten schließlich viele gemeinsame Bekannte und Freunde in aller Welt.
Wenn es auch mit der Neubearbeitung des Stockerschen Grundriß nichts geworden war, so ergab sich doch in der Folgezeit rasch eine ganz intensive Zusammenarbeit zwischen dem Springer-Verlag, speziell auch Konrad F. Springer, und nicht nur mir, sondern auch meiner Frau.
Nachdem ich schon 1959 das Kapitel „Wasserumsatz und Stofftransport" in den „Fortschritten der Botanik" als ständiger Referent übernommen hatte, betreute ich ab 1967 das Kapitel Physiologie in dieser Reihe. Seit 1965 hatte ich auch als Mitherausgeber der Planta und seit 1970 auch der Oecologia ständig enge Kontakte zu Konrad F. Springer.

FORTSCHRITTE DER BOTANIK

Morphologie
Physiologie
Genetik
Systematik
Geobotanik

35. Band

Springer-Verlag
Berlin Heidelberg New York

Fortschritte der Botanik 35

Begründet von Fritz von Wettstein

Herausgegeben von

Heinz Ellenberg, Göttingen
Karl Esser, Bochum
Hermann Merxmüller, München
Eberhard Schnepf, Heidelberg
Hubert Ziegler, München

Mit 11 Abbildungen

Springer-Verlag
Berlin Heidelberg New York 1973

Meine Frau hatte zudem seit 1961 die Mitwirkung bei der Schriftleitung der Berichte für die wissenschaftliche Biologie (später Berichte Biochemie und Biologie) übernommen. Dazu mußte sie jeden Monat für einen Tag „zum Springer" nach Heidelberg fahren, um die Referate zu verteilen. „Springer" als abstrakter Begriff und Konrad als sein personifizierter, wegen seiner Körpergröße auch nicht zu übersehender Repräsentant wurden daher unserem Sohn Lothar von Kindesbeinen an eine feste Vorstellung, auch schon, bevor er mit dem Sortieren der Referate für die Berichte sein Taschengeld verdiente. Der große Vorteil dieser Tätigkeit meiner Frau an den „Berichten" war der ständige Zugang zu praktisch allen wichtigen Fachzeitschriften, ein für arme Universitätsinstitute, zumal für Botanische Institute an Technischen Hochschulen unschätzbarer Vorteil.

Bald kamen wir mit Konrad Springer und seiner Familie auch in engeren privaten Kontakt und unser Jubilar war häufig im Institut wie zuhause bei uns in Darmstadt wie in München zu Gast. Nicht zu lange nach den Entbehrungen der Kriegs- und Nachkriegszeit waren dabei die Ansprüche nicht so überfeinert wie vielleicht heute, selbst nicht bei einem Konrad F. Springer: Mir ist noch in Erinnerung, daß er bei einem Besuch Mitte der sechziger Jahre in Darmstadt einen Chateau-Neuf-du-Pape ganz besonders gut fand, den ich mit meinem damals sehr spärlichen Professorengehalt für DM 1,99 pro Flasche im „Konsum" gekauft hatte. Es war dieses Treffen, als der Gast zu fortgeschrittener Stunde erklärte, für ihn wäre der Beruf des Verlegers wissenschaftlicher Werke ganz ohne jeden Zweifel nicht nur der Idealberuf, sondern eine Berufung.

Gegen Ende meiner Tätigkeit in Darmstadt, als die seuchenartig ausgebrochene Reformwut die Universitäten schüttelte und allerlei Ungereimtes, aber dem Steuerzahler Teueres auslöste, war auch die überkommene Art des Biologieunterrichts (Grundvorlesungen in Botanik, Zoologie, Mikrobiologie und Genetik) in ihrer Zweckmäßigkeit in Zweifel gezogen worden. Auch in Darmstadt versuchten wir uns mit einer Ringvorlesung „Biologie", allerdings – zum Nutzen der Studenten – aufgeteilt nur unter

drei unterrichtserfahrene Kollegen (Markl, Martin, Ziegler). Da wir uns mit der Gliederung des Stoffes Mühe gegeben hatten, keimte die Idee, ein Lehrbuch „Allgemeine Biologie" aus der Taufe zu heben. Dieser Plan war aber offensichtlich nicht „einzigartig", weil zu dieser Zeit bereits Gerhard Czihak/Salzburg mit Konrad F. Springer den Plan eines solchen Lehrbuches recht weit entwickelt hatte. Czihak's Anfrage, ob ich als Mitherausgeber (mit Helmut Langer/Bochum als Drittem im Bunde) fungieren wollte, kleidete er in die originelle Form: „Haben Sie viele Feinde unter ihren prominenten Botanikkollegen?" Als ich (vielleicht etwas weltfremd) verneinte, meinte er, die Tätigkeit als Herausgeber eines Vielmännerbuches sei eine unvergleichliche Gelegenheit, sich Feinde zu verschaffen. Ich hoffe und glaube, daß ich

diese Chance nicht zu perfekt genutzt habe.

Das BIOLOGIE-Buch erschien erstmals 1976 und hat inzwischen drei Auflagen und einige Übersetzungen erreicht. Das gab von Zeit zu Zeit Gelegenheit, mit dem Verlag im allgemeinen und mit Konrad F. Springer im besonderen zu planen und zu feiern.

Eine recht ähnliche Entwicklung nahm die Konzeption und Realisierung des Buches BIOPHYSIK. Auch ihm liegt eine Ringvorlesung (an der Technischen Universität München) zugrunde. Nach den Erfahrungen mit der BIOLOGIE schien es aussichtsreich, auf diesem wichtigen und zukunftsträchtigen Gebiet mit noch unscharfen Konturen ein umfassendes Lehrbuch auf den Weg zu bringen. Es geschah dies Mitte der siebziger Jahre unter der Herausgeberschaft von zwei

Biophysik

Physikern (W. Hoppe und W. Lohmann) und zwei Biologen (H. Markl und H. Ziegler) und unter sehr tatkräftiger Mithilfe von Konrad F. Springer und seinen Mitarbeitern, die auch das nicht geringe geschäftliche Risiko ohne Zögern auf sich nahmen. 1977 erschien die erste, 1982 die zweite Auflage und 1983 eine englische Version der 2. Auflage. Es ist demnach anzunehmen, daß der Verlag sich nicht verkalkuliert hatte.

Ganz besonderes Interesse brachte Konrad F. Springer den vier Bänden der Encyclopedia of Plant Physiology entgegen, die „Physiological Plant Ecology" betrafen und von O.L. Lange, P.S. Nobel, C.B. Osmond und dem Schreiber dieser Zeilen konzipiert und herausgegeben wurden; entsprechend groß war seine Freude auch über das besonders positive Echo dieser Bücher, wohl auch über den geschäftlichen Erfolg, den sie (hoffentlich!) brachten.

Es gibt somit eine Reihe von Unternehmen, die ich mit dem Jubilar (natürlich zusammen mit anderen Kollegen) in den letzten 20 Jahren erfolgreich gestalten konnte. Einiges blieb auch im Widerstreit zwischen geschäftlichen Interessen oder auch Zwängen und – vielleicht etwas weltfremden – Wünschen des Wissenschaftlers hängen.

So konnten Vorschläge über die Gründung einer Zeitschrift „Tree" (vor etwa 20 Jahren) und über ein umfassendes Werk über „Effects of Air Pollutants on Plants" nicht verwirklicht werden. Ich bin aber ziemlich sicher, daß der kühle (zu kühle?) Kalkulator im Verlag in diesen Fällen nicht Konrad hieß. War bisher doch überwiegend von meinen Erfahrungen mit dem Verleger Konrad F. Springer die Rede, so wäre eine Laudatio zum 60. Geburtstag doch sehr dürftig, die nicht noch näher auf die persönlichen Verbindungen, den „Verkauf von Freundschaft" einginge, auch wenn dies einem an spröde Diktion gewöhnten Naturwissenschaftler schwerer fällt.

Konrad F. Springer ist trotz der bedeutenden Aufgaben, die er übernommen und sich neu gestellt hat, ein schlichter, herzlicher, liebenswerter und – bayrisch formuliert – „zünftiger" Kamerad geblieben, mit dem man nicht nur wissenschaftliche und geschäftliche Probleme ohne Simplifizierung (er ist ja promovierter Botaniker!), ohne Schnörkel und ohne Vorbehalte besprechen kann, sondern mit dem man auch – in Heidelberg wie in Edinburgh, in Montreal wie in Seattle – fröhlich schmausen und bechern, laut singen (nicht nur erste Strophen!) und Gedichte (besonders in Schwyzerdütsch!) deklamieren kann. Man ist auch sicher, daß er einem mit seinem phänomenalen Gedächtnis die Namen und Gestalten zahlloser Kollegen aus den entlegensten Orten des Globus in die Erinnerung zurückrufen wird, Namen, die ein normaler Sterblicher längst schon bei den Engrammen gestapelt hat.

Ad multos annos, Konrad, auch wenn wir älteren Semester jetzt manchmal die Zähne zusammenbeißen müssen!

HUBERT ZIEGLER

Konrad F. Springer – Publisher and Scientist

TORE E. TIMELL

Konrad Springer and I first met on a sunny spring day in March 1969 in Zürich where he had come for a visit to the ETH. Martin Zimmermann was a Guggenheim Fellow that year, working at H.H. Bosshard's wood research institute where he was developing his new methods for studying the distribution and length of vessels in wood. He was at this time also writing on a book for Springer-Verlag together with Claud Brown. I myself was spending a year at Kurt Mühlethaler's electron microscopy laboratories, examining the phloem and xylem in normal and compression woods of spruce. Bosshard and Mühlethaler were both former students of Professor Frey-Wyssling who at this time was still active in research and teaching. He and Konrad Springer had known each other for many years, and it was through Frey-Wyssling that Konrad Springer had got to know Martin Zimmermann, another of Frey-Wyssling's former students.

My own book *Compression Wood in Gymnosperms* had been accepted for publication by Springer-Verlag a few months earlier. After a brief meeting at the electron microscopy institute, Konrad Springer and I went downtown for lunch where we continued to discuss my book. The American reviewer had kept the manuscript for a rather long time, and it was decided that I should update the content and then resubmit the manuscript within a year's time. Little did the two of us know or foresee at this time that the book by Zimmermann and Brown, then still in preparation, would appear in print two years later, while my own, completed work, would not be published until 17 years later!

I still recall vividly how Konrad Springer during that luncheon told me about the two years that he had spent in New York City where he had worked with the McGraw-Hill Book Company. Before his arrival in New York, somebody had rented an apartment for him, but obviously some mistake had been made. Once in New York, a surprised Konrad Springer discovered that the apartment was located in

<table>
<tr>
<td>

T. E. Timell

Compression Wood in Gymnosperms

Volume 1

Bibliography, Historical Background, Determination, Structure, Chemistry, Topochemistry, Physical Properties, Origin, and Formation of Compression Wood

With 341 Figures

Springer-Verlag
Berlin Heidelberg New York Tokyo

</td>
<td>

T. E. Timell

Compression Wood in Gymnosperms

Volume 2

Occurrence of Stem, Branch, and Root Compression Woods, Factors Causing Formation of Compression Wood, Gravitropism and Compression Wood, Physiology of Compression Wood Formation, Inheritance of Compression Wood

With 324 Figures

Springer-Verlag
Berlin Heidelberg New York Tokyo

</td>
<td>

T. E. Timell

Compression Wood in Gymnosperms

Volume 3

Ecology of Compression Wood Formation, Silviculture and Compression Wood, Mechanism of Compression Wood Action, Compression Wood in the Lumber and Pulp and Paper Industries, Compression Wood Induced by the Balsam Woolly Aphid, Opposite Wood

With 267 Figures

Springer-Verlag
Berlin Heidelberg New York Tokyo

</td>
</tr>
</table>

Harlem, not exactly a choice location for a visiting publisher from Europe. Most people would have left the place in a hurry, but not Konrad Springer. He decided to stay, no matter what the environment, and he did not move elsewhere until a year later.

During the luncheon I noticed how warmly Konrad Springer spoke about the United States in general and New York in particular. He seemed to have a deep affection for this wonderful city, notwithstanding all its well-known and highly visible blemishes. These feelings do not seem to have abated over the years, for my wife and I noticed them again when we talked with him in New York last October. It is obvious that Konrad Springer must have been very pleased when, in 1964, his company could establish its own offices in the famous Flatiron building between Fifth Avenue and Broadway.

In the course of our first meeting in Zürich, Konrad Springer and I also discussed the new English-language journal *Wood Science and Technology* that had been started two years earlier on the initiative of Professor Franz Kollmann in München. Konrad Springer asked me to come to Heidelberg for further talks on this subject with him and Heinz Götze. Early in June, my wife and I loaded up our American station wagon with our three daughters and one of their cousins and drove up to Heidelberg from Zürich. While the family was sightseeing, and there is, of course, much to see in Heidelberg, Drs. Springer, Götze, and I had our discussions. One result of these was to be my long-standing association with the journal *Wood Science and*

Wood Science and Technology

Journal of the International Academy of Wood Science

Technology, since 1977 as one of its three editors. That evening, my wife and I were Konrad Springer's guests for dinner, and afterward he took us to his fine home.

Since that occasion, Konrad Springer and I have met several times. In 1977, when I and my family were living for the better part of that year in München, I was again asked to come to Heidelberg. I had just returned after a week in London, and the next day I took the train to Heidelberg, my favorite mode of transportation. The objective this time was to discuss my book on compression wood, a rather embarrassing subject for me after so many years. At that time I also met for the first time the present director of the biology department at Springer-Verlag, Dieter Czeschlik. With all business completed, Konrad Springer kindly invited me to have dinner with him in his home. I still recall with amazement one little incident in this connection. Somehow I had mentioned in passing that I had come to Heidelberg by train, needless to say traveling in second class. When the time came to leave for München, Konrad Springer not only insisted on coming with me to the station but also immediately proceeded to purchase a first-class ticket for my return trip!

Ten years ago, when Springer-Verlag New York celebrated its tenth anniversary, Peter Wyllie wrote that „Konrad Springer is an unusual publisher." Having been associated with one university press and two major, American publishers of scientific books, I can testify to the truth of this statement. Konrad Springer is indeed a most unusual publisher, and in two different respects. First, he is not only one of the world's foremost publishers of scientific books and journals, but he is also a scientist himself. This makes it possible for him to understand scientists and their problems in a way a publisher lacking this background, and they are in the vast majority, can never hope to do. He has also seen to it that in his company he is assisted by senior editors with experience in the sciences. In Springer-Verlag a scientist can expect to meet people who speak his own language. Second, it is highly unusual to find a publisher with the kind, personal interest that Konrad Springer shows for his authors and their books. That has at least been my own experience over the last 15 years, and I know that it is shared by others.

It is a well-known fact that authors of scientific books not infrequently find themselves unable to prepare the work they had contracted for, and that many of them find it impossible for one reason or another to have their manuscript ready at the agreed time. All publishers are used to this, but I still think that Konrad Springer in my own case has shown an understanding and patience that is indeed rare. When I finally completed my book this year, the manuscript was 14 years overdue! It would have been easy

Springer Series in Wood Science

Editor: T. E. Timell

Martin H. Zimmermann
Xylem Structure and the Ascent of Sap (1983)

John F. Siau
Transport Processes in Wood (1984)

Martin H. Zimmermann

Xylem Structure and the Ascent of Sap

With 64 Figures

Springer-Verlag
Berlin Heidelberg New York Tokyo 1983

and natural to give up all hope about such an author. Quite to the contrary, however, Konrad Springer three years ago asked me to become the editor of the new *Springer Series in Wood Science,* in cooperation with Dieter Czeschlik. If my own writing has been slow, at least this series has been off to a quick start, with two books published and over 60 in preparation at the present time.

Springer-Verlag, as is well known, publishes books and journals in practically all scientific disciplines, but in this context I must restrict myself to those with which I have some familiarity, namely the plant sciences. I know that there is one publishing venture that Konrad Springer is particularly proud of, and that is the monumental *Encyclopedia of Plant Physiology.* The first set of this work was published in 18 volumes between 1955 and 1967 with W. Ruhland as editor, with chapters written by experts in English, French, and German. No other work in plant physiology can be compared with this series in size, thoroughness, and high quality, and none is likely ever to be produced again. The new series with the same title, which was begun in 1975 and is planned to comprise 19 volumes, has been edited by A. Pirson, and, until his untimely death last year, M.H. Zimmermann. These volumes are of a different nature and are published more rapidly, but they are equally impressive and have been very well received. They are written entirely in English, today the lingua franca of science.

Another work which I know that Konrad Springer values very highly, and which he gave me when it was published in 1971, is the excellent treatise on tree physiology already mentioned, *Trees. Structure and Function* by M.H. Zimmermann and C.L. Brown. This book has met with much approval and is now in its fourth printing. During the last five years, various aspects of forest ecology have been the subject of more than ten books published by Springer-Verlag, another result of Konrad Springer's great interest in ecological problems. This interest was quite evident when we recently discussed the present, disastrous effects of air pollution and acid rain on the German forests. The problem also exists in North America, although the situation is still not as serious as it is in central Europe. Unfortunately, the harmfulness of acid rain on forest vegetation has recently been minimized in some quarters. There would seem to be every reason not only to study this phenomenon further but also to publicize better what is currently known and what can be predicted for the future.

In my own direct field of interest, wood science, Springer-Verlag has lately become one of the major publishers through the Springer Series in Wood Science. This subject has, however, long been fostered at Springer-Verlag, and Konrad Springer has often told me of his own interest in the science and technology of wood. The journal *Holz als Roh- und Werkstoff* was founded in 1938 and was followed in 1967 by *Wood Science and Technology*, both edited for many years by Franz Kollmann in München. In 1951 there appeared the monumental *Technologie des Holzes und der Holzwerkstoffe* by Kollmann, recently issued in a second printing, and in 1968 and 1975 *Principles of Wood Science and Technology* by Kollmann and his several co-authors. D. Grosser's beautifully produced *Die Hölzer Mitteleuropas* was published in 1977. In 1983 and 1984, finally, there appeared the first two volumes in the new wood science series, namely *Xylem Structure and the Ascent of Sap* by M.H. Zimmermann and *Transport Processes in Wood* by J.F. Siau.

This is not the time and place to describe the expansion that Springer-Verlag has undergone under Konrad Springer's guidance during the last two decades. I only wish to point out what an important role Konrad Springer has played in the progress of the plant sciences in general, and not only in the publication of important books but also in the initiation of new, prestigious journals in the plant sciences.
Ever since I first became associated with Springer-Verlag, I have been able to count on Konrad Springer's steadfast support of my activities as an author and an editor with his company. I am also deeply indebted to him for the kindness that he has always shown towards me and my family. On this occasion, his 60th birthday, I wish Konrad Springer many more years of happiness and continued activity in the service of his publishing company and the world of science.

Tore E. Timell

Lieber Konrad Springer,

Willkommen im Kreise der Sechziger! Warum soll es Ihnen schlechter
gehen als vielen anderen und mir? Sie werden schon die Vorteile dieser
Dekade des Lebensalters genießen lernen. Man beginnt im sonnigen September (meinetwegen auch Oktober, der hat ja, laut Weinreklame, auch
noch „goldene Tage"!) nachzudenken über Vergangenheit und auch Zukunft, denn in einer voll sozial-integrierten Gesellschaft warten ja schon
die „Jungen" auf die Position, die man inne hat, um endlich auch ihre
Ideen und Vorstellungen verwirklichen zu können. Wir waren ja damals
nicht anders. Wir meinen zwar, daß unsere Erfahrung (zu Recht!) die sich
in den Jahren angesammelt hat, unentbehrlich ist. Da wir ja alle in unseren jüngeren Jahren – ich reichlich, Sie vielleicht weniger – Fehler gemacht haben, wissen wir heute natürlich genau, wie alles „zu laufen hat"
und wie es unseres Erachtens richtig ist. Manchmal sind wir traurig, wenn
die Jüngeren nun alles mal wieder anders machen wollen. Sie werden dann
sicherlich andere Fehler machen und nicht die unsrigen, die ihnen ja so
evident sind. Vielleicht machen sie dann die gleichen Fehler, wie sie die
Generation vor uns gemacht hat, die unreflektierten Idolen manchmal mit
recht wenig Kritik nachgelaufen ist.
Nein, das haben wir sicherlich nicht getan: da haben wir gelernt. Aber
es kommt eben alles wieder und, wie im Ping-Pong-Spiel, schlägt das Pen-
del von der einen zur anderen Seite. Hoffen wir nur, daß es diesmal beim
anderen Ausschlag nicht an die Substanz geht, wie wir schon einmal
erlebt haben.
Ja, lieber Freund, Sie werden fragen: was sollen diese Reflektionen zu
meinem Geburtstag? Ist dieser Esser nun so professoral geworden, daß
er mich auch mit einem Glückwunsch belehren will? Nein, im Gegenteil,
sicherlich werden Sie auch schon manchmal in dieser Richtung gedacht
haben. Für mich ist das Resultat dieser Überlegungen Distanz. Man
gewinnt Abstand zu vielen Dingen, die einen früher einmal sehr tangiert
haben. Und eben durch diese Distanz wird man nüchterner und sachlicher
und damit vereinfachen sich so viele Dinge und man wird fröhlich und
kann über vieles lachen. Es ist halt alles jetzt nicht mehr so ernst.
Hier muß ich an eines der weisen Worte denken, die unserem großen Bun-
deskanzler Konrad Adenauer zugeschrieben werden, der da gesagt haben
soll: „Man muß Prinzipien haben und die muß man hoch halten, aber
so hoch, daß man auch einmal drunterher kriechen kann." (Das müssen
Sie sich bitte mit kölschem Akzent gesprochen vorstellen.) Aber dieser
Ausspruch ist nicht nur ein Ausdruck der rheinisch-romantischen Mentali-

95

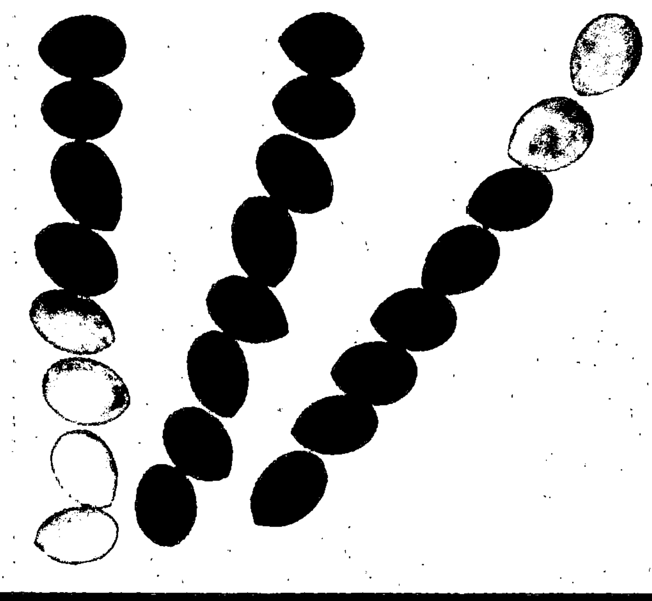

Progress in Botany
Morphology · Physiology · Genetics
Taxonomy · Geobotany

Fortschritte der Botanik
Morphologie · Physiologie · Genetik
Systematik · Geobotanik

Editors/Herausgeber

Karl Esser, Bochum
Klaus Kubitzki, Hamburg
Michael Runge, Göttingen
Eberhard Schnepf, Heidelberg
Hubert Ziegler, München

Springer-Verlag
Berlin Heidelberg New York Tokyo 1984

tät und Lebensfreude sondern Lebensweisheit, die ich als junger Mann sicherlich nicht gewürdigt hätte.

Nun genug der langen Rede. Ich möchte diese Gelegenheit auch nutzen, Ihnen zu danken. Einmal ganz vordergründig für die Förderung meiner persönlichen Arbeiten, indem Sie meine Bücher und wissenschaftlichen Elaborate publizierten. Daß dies kein großes Profitgeschäft war, wissen wir beide. Aber das ist ja gerade der Anlaß, warum ich Ihnen persönlich danken möchte. Sie haben es verstanden, das Panier des alten königlichen Kaufmannes und des wissenschaftlichen Verlegers hochzuhalten, eine gute Tradition Ihres Hauses, wo bei einer Publikation nicht zuerst der Gewinn kalkuliert wird, sondern man Wert auf die „Wissenschaftlichkeit" legt. Dieses Mäzenatentum des Verlegers, in den U.S. sicherlich unbekannt und auch bei uns hier in Deutschland faktisch, außer bei Ihnen, kaum mehr praktiziert, ist ein Faktum, für das Ihnen mein unpersönlicher Dank gilt, d.h. hierfür dankt Ihnen die wissenschaftliche Gemeinschaft (welch hochtrabendes Wort, aber mir fällt im Augenblick nichts besseres ein). Aber es gibt noch eine andere, vielleicht größere Sache, für die wir Ihnen

96

Karl Esser

Kryptogamen

Blaualgen Algen
Pilze Flechten

Praktikum und Lehrbuch

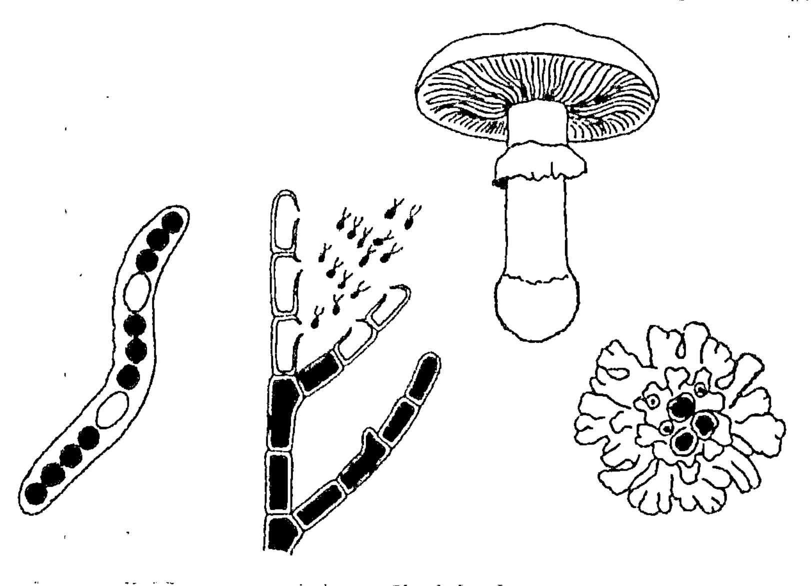

Springer-Verlag
Berlin Heidelberg New York

dankbar sind. Sie haben es verstanden, im Verlauf Ihrer Tätigkeit durch geschickten Ausbau von Bestehendem und durch zahlreiche Neugründungen Ihrem Verlag (soweit ich es beurteilen kann) auf diesem Sektor eine Vorrangstellung in der Welt zu geben.

Noch eines sollten wir nicht vergessen: die Qualität der Springer-Publikationen im Hinblick auf Abbildungen und Herstellungs-Modus und – damit im engen Zusammenhang – die Großzügigkeit! Ist vom Springer-Ver-

lag ein säumiger Autor, oder ein Autor der zu viel Korrekturen anbringt,
jemals mit der vertraglich festgelegten Eigenkostenbeteiligung (um nicht
Strafe zu sagen) belegt worden? Ich glaube nein, denn sonst müßte ich
es wohl gewesen sein.
So verbinden sich mit den Wünschen für Sie auch die besten Wünsche
an das Haus Springer. Möge es in Ihrem und im Geiste Ihrer Vorfahren
weitergeführt werden und noch lange als Sprachrohr für mitteilsame Wissenschaftler fungieren.
Ihnen persönlich, lieber Konrad Springer, wünsche ich von ganzem
Herzen Distanz, Fröhlichkeit und nicht zuletzt, gute Gesundheit

Ihr

KARL ESSER

Dr. Konrad F. Springer 60 Jahre

Ein Grußwort von OTTO KINNE

Springer-Verlag, das war für mich schon zu Zeiten meines Studiums Ende der vierziger Jahre ein Begriff für Qualität – ein Gütezeichen sozusagen, etwa wie Mercedes Benz. Daran hat sich bis heute nichts geändert. Mein erster Eindruck als junger Student der Zoologie in Tübingen hat sich inzwischen vielfach bestätigt. Er war richtig.

Ein zweiter Eindruck – oder besser: eine Vermutung – daß nämlich hinter dem Qualitätsbegriff ‚Springer‘ ein strenger, vielleicht gar ‚seelenloser‘ Konzernherr stünde, der den dynamisch wachsenden Verlag mit Härte regiert und penibel genau überwacht, erwies sich jedoch als falsch.

Als ich 1966 – vom Springer-Verlag eingeladen zu Gesprächen über die Gründung der Internationalen Zeitschrift ‚Marine Biology‘ – in Heidelberg Herrn Dr. Konrad F. Springer zum erstenmal gegenübersaß, fand ich einen bescheidenen und warmherzigen Mann vor. Unterstützt von seinem agilen, sachkundigen und umsichtigen Mit-

arbeiter Dr. Mayer-Kaupp entwickelte Konrad F. Springer mit verbindlichen Worten, verlegerischem Gespür und Verhandlungsgeschick seine Vorstellungen über biologisch-naturwissenschaftliche Zeitschriften und Bücher. Wir haben uns damals dann recht schnell geeinigt über ein Konzept für ‚Marine Biology‘, das – wenn auch in abgewandelter Form – bis heute sehr erfolgreich ist und eine der weltweit führenden, internationalen Zeitschriften auf dem Gebiet der Meeresbiologie hervorgebracht hat.

Die ursprüngliche Zielsetzung für ‚Marine Biology‘ sah vor, daß Meeresbiologen aller Kulturnationen dieser Erde gemäß ihres wissenschaftlichen Leistungsstandes unter den in dieser Zeitschrift publizierenden Autoren vertreten sein sollten. ‚Marine Biology‘ sollte also jeder Nation ein Fenster bieten, in dem das jeweils höchste Leistungsniveau sichtbar würde, in dem von jedem Land eben nur die besten Arbeiten zum Abdruck angenommen werden sollten. Dieses Konzept, das der unterschiedlichen technologischen und finanziellen Ausstattung meeresbiologischer Institute in verschiedenen Ländern Rechnung trug und daher bei der Gütebeurteilung von Manuskripten unterschiedliche Maßstäbe erforderte, erwies sich als recht kompli-

ziert und dem Gesamtniveau der Zeitschrift wohl eher abträglich. In einer kritischen aber sachdienlichen Diskussion haben wir uns dann später darauf geeinigt, einen einheitlichen, durchgehend hohen Qualitätsanspruch an alle eingehenden Manuskripte zu stellen. Das hat dazu geführt, daß nunmehr Meeresbiologen aus den leistungsstarken Wissenschaftsnationen das Niveau der Publikationen bestimmen und zahlenmäßig stark dominieren.

Während des langjährigen und mühevollen Aufbaus der ‚Marine Biology‘ hat mich Dr. Konrad F. Springer stets zuverlässig und nachhaltig unterstützt. Die Zusammenarbeit war sehr gut. Es gab kein Warten auf Korrespondenzbeantwortung, kein Hinauszögern wichtiger Entscheidungen. Der Arbeitsablauf war reibungslos und prompt; er wurde seitens des Verlages wahrgenommen durch eine hervorragende Mannschaft und Organisation.

Die Führung eines großen, weltweit wirkenden wissenschaftlichen Verlags muß besonderen Anforderungen genügen. Es gilt, einen ehrlichen Kompromiß anzusteuern zwischen Profitstreben und Wahrnehmung – oder doch Berücksichtigung – wissenschaftlicher Interessen. Beide Interessenslagen können durchaus verschieden sein, ja sie sind es in den meisten Fällen. Hier ist Verständnis für die Wissenschaft gefragt und Geschicklichkeit im Umgang mit den vielfach auf ihre Art ‚schwierigen‘ Wissenschaftlern, den ‚Eierköpfen‘, wie der Amerikaner nicht ganz zu Unrecht sagt.

Die DEUTSCHE ZOOLOGISCHE GESELLSCHAFT

verleiht im Jahre 1984 zum dritten Mal die

KARL RITTER VON FRISCH-MEDAILLE

an

Professor Dr. rer. nat. Otto Kinne

Hamburg

für seine umfassenden Untersuchungen und Publikationen auf dem Gebiet der Meeresökologie. Er hat als Herausgeber und Mitverfasser grundlegender enzyklopädischer Werke über Meeresökologie und die Krankheiten mariner Tiere und als Herausgeber der führenden wissenschaftlichen Forschungszeitschrift auf diesem Gebiet auch für die internationale Öffentlichkeit erkennbar gemacht, welche Konsequenzen der unbegrenzte Eingriff des Menschen in das Ökosystem der Meere auslösen kann. Mehr als zwei Jahrzehnte seines Lebens stellte er in aufopferungsvoller Führung der Biologischen Anstalt Helgoland in den Dienst der Wissenschaft und baute die Anstalt zu einem der wichtigsten meeresbiologischen Forschungsinstitute der Welt aus.

Die KARL RITTER VON FRISCH-MEDAILLE 1984

ist eine Stiftung der Verlage

Gustav Fischer, Stuttgart/New York
Paul Parey, Hamburg/Berlin
Julius Springer, Berlin/Heidelberg/New York/Tokyo
Georg Thieme, Stuttgart/New York

DEUTSCHE ZOOLOGISCHE GESELLSCHAFT
Der Präsident

Kloster Arnsburg bei Lich
anläßlich der 77. Jahresversammlung der Gesellschaft am 13. Juni 1984

Konrad F. Springer ist in meinem Urteil stets ein redlicher Makler gewesen zwischen ökonomischen Verlagsinteressen und wissenschaftlichen Erfordernissen. Als Partner genießt er hohes Ansehen unter den Wissenschaftlern – ja eine Zuneigung, die nur wenigen Verlegern zuteil wird.

Natürlich gehört zur Führung eines erfolgreichen Verlags auch eine hohe Effizienz in den inneren Betriebsabläufen. Hierfür sorgen offenbar primär Geschäftsführungspartner und ein sorgfältig ausgesuchter und bewährter Mitarbeiterstab.

Ich bin Herrn Dr. Konrad F. Springer dankbar für eine 19jährige gute und erfolgreiche Partnerschaft. Für die Zukunft wünsche ich ihm Stärkung seiner Gesundheit und weiterhin erfolgreiches Schaffen.

OTTO KINNE

Mein Verleger, mein Freund

H.F. LINSKENS

Wissenschaftler sollten jemanden haben, der sich ihrer geistigen Produkte annimmt, der dafür sorgt, daß gute Ergebnisse des Forschens weltkundig werden. Das ist der Verleger. Eine Art PR-Mann, dem es Freude macht, die Kommunikation unter Wissenschaftlern zustandezubringen.

Gewiß, die Veröffentlichung von wissenschaftlichen Gedanken und Ergebnissen auf dem Wege über gedrucktes Papier ist nicht der einzige Kommunikationsweg. Daneben spielt der mündliche Gedankenaustausch eine nicht zu unterschätzende Rolle.

Aber „Wer schreibt, der bleibt" und „Was geschrieben ist, ist geschrieben". So ist der Verleger denn auch der Bewahrer, der die Kontinuität der wissenschaftlichen Kommunikation zwischen den Welten und zwischen den Generationen sicherstellt.

Es gibt viele Beispiele einer nahen, freundschaftlichen Beziehung zwischen Autoren und Verlegern. Die berühmtesten sind vielleicht die zwischen Erasmus von Rotterdam und seinem Drucker-Verleger in Basel, Johannes Froben, zwischen Goethe und Johann Friedrich Freiherr von Cottendorf, dem Inhaber der S.G. Cotta'schen Buchhandlung zu Tübingen, zwischen Benedetto Croce und G. Laterza (Bari), zwischen Thomas Mann und Samuel Fischer.

Wie kommt aber ein junger Wissenschaftler an einen Verleger? Das kann ich am besten aufzeigen, wenn ich erzähle, wie ich an meinen Verleger gekommen bin, mit dem ich nun schon seit einem Menschenalter auf das Glücklichste zusammenarbeite.

Kurz vor meiner Habilitation im Jahre 1953 hatte ich das Glück, ein Battelle-Memorial-Stipendium zu bekommen, das mich in die Lage versetzte, bei Ernst Gäumann am Poly in Zürich zu arbeiten. Es war mein erster großer Ausflug in die weite, wissenschaftliche Welt, aus der Enge des Nachkriegsdeutschlands heraus. In der anregenden Atmosphäre des Gäumannschen Institutes kam mir die tollkühne Idee, ein Buch zusammenzustellen über die Erfahrungen mit einer Methode, der Papierchromatographie, die ich in den vorhergehenden drei, vier Jahren vielfältig benutzt hatte. Diese Trennmethode für Inhaltsstoffe von Pflanzen war für die Physiologie der Pflanzen ein Durchbruch, konnte doch auch der Nicht-Biochemiker an Spezialpapieren Extrakte auftrennen und mit Hilfe verschiedenartiger Farbreagentien Stoffe in kleinen Mengen nachweisen, die vorher nur der aufwendigen Mikroanalyse zugänglich waren. Ernst Gäumann, dem ich meinen Gedanken bei einer der täglichen Kaffee-Stunden, dem ‚Znüni', vortrug, sagte spontan: „Des tuscht. Schrieb dem Springer emool." Es dauerte etwa 4 Wochen bis ich einen freundlichen Brief von Ferdinand Springer, dem Vater, zurückbekam. Darin sagte er, daß er Professor Bünning in Tübingen konsultiert habe, der habe positiv reagiert, er wolle also einen Vertrag mit mir machen. So kam also mein erster Vertrag mit dem Hause Springer für die „Papierchromatographie in der Botanik" zustande, dessen Unterschrift noch der Senior-Chef setzte. Das Buch war in der damaligen Zeit ein Erfolg, eine 2. Auflage folgte.

Ich besuchte den Verlag im folgenden Sommer in dem gemieteten Haus am Neckar-Ufer, hatte ein langes Gespräch mit Heinz Götze, dessen breites Interesse ich bewunderte. Nach einer tour d'horizont durch die deutsche Biologie fragte ich schüchtern, ob ich auch den Verleger selber sehen könne. Ich wurde in dessen Zimmer geführt. Mühsam stand er von dem Sofa auf, wo er unter einer Wolldecke geruht hatte. Das war meine einzige Begegnung mit meinem Verleger, für lange Zeit.

Meine Beziehungen zum Verlag blieben zunächst distanziert. Wie konnte ein junger Privatdozent sich auch an einen Verleger heranmachen. Verwegener Gedanke! Dies änderte sich jedoch einige Jahre später schlagartig. Ich hatte regelmäßig an den „Fortschritten der Botanik" mitgearbeitet und war inzwischen an die kleine holländische Universität Nijmegen berufen worden. Eines Tages meldete sich im Jahr 1963 ein Herr Springer an.

PAPIERCHROMATOGRAPHIE
IN DER BOTANIK

BEARBEITET VON

H. DÖRFEL · R. HÄNSEL · H. F. LINSKENS · B. PRIJS
A. ROMEIKE · B. D. SANWAL · H. SCHWEPPE · H. SEILER
S. P. SEN · L. STANGE · C. A. WACHTMEISTER
S. YAMATODANI · H. ZÄHNER

HERAUSGEGEBEN VON

H. F. LINSKENS

MIT 63 TEXTABBILDUNGEN

SPRINGER-VERLAG
BERLIN · GÖTTINGEN · HEIDELBERG
1955

PRAKTIKUM
DER PAPIERCHROMATOGRAPHIE

ANLEITUNG ZU ÜBUNGEN IN DER
PAPIERCHROMATOGRAPHISCHEN UNTERSUCHUNG
PFLANZLICHER INHALTSSTOFFE

VON

H. F. LINSKENS   LUISE STANGE

SPRINGER-VERLAG
BERLIN · GÖTTINGEN · HEIDELBERG
1961

Schon die frische Stimme, distinguiert und humorvoll, am Telephon zeigte, daß es nicht der alte Herr sein konnte. Es war Dr. Konrad Ferdinand Springer, der am 1. Mai 1963, nach einem erfolgreichen Studium an der Universität Zürich, in den Verlag eingetreten war. Mein Gäste-Buch weist aus, daß der Springer-Sohn am 4. Mai 1963 zum ersten Mal bei mir war. Offensichtlich schien der junge Botaniker an einer obskuren ausländischen Provinzuniversität ein guter Einstieg für eine neue Haltung des Verlages zu sein. Diese durch Konrad Ferdinand Springer in die Verlagsarbeit neu eingebrachte Attitude: „Auf die Autoren und potentiellen Autoren zugehen, nicht warten", wurde an mir erprobt.

Und es war eine spontane Sympathie vorhanden, sicherlich zum Teil basierend auf dem gemeinsamen wissenschaftlichen Hintergrund, aber auch auf der gemeinsamen Erfahrung und Liebe zur Schweiz und den Bergen.

Es gab aber noch ein Drittes, das uns verband: der gemeinsame Vorname Ferdinand, den nun schon in der 4. Generation alle Springer-Söhne tragen. Bekanntlich kommt der Name aus dem Gotischen und bedeutet so etwas wie „Friedens-Wager", und ich muß bekennen: wir haben immer Frieden miteinander gehabt, niemals Streit. Wenn man hingegen Verleger-Biographien glauben soll, dann ist das Verhältnis Verleger-Autor fast immer von Perioden der Verstimmung durchzogen. Adolf Spemann spricht so-

102

gar von einem „Kampf mit dem Autor". Ich hab davon niemals etwas verspürt. Möglicherweise liegt das Verhältnis Verleger-Schriftsteller anders, differenzierter, und ist mehr von Mißerfolg, Erfolg, Geldnot überschattet.

Das Verhältnis des Wissenschaftlers mit seinem Verleger kann nur eine fruchtbare Dauerverbindung sein, wenn es auf gegenseitigem Vertrauen basiert.

Und schließlich hat noch ein Weiteres meine Beziehungen zu Konrad Ferdinand Springer vertieft, zu einer freundschaftlichen gemacht: die gemeinsame Liebe zur Natur.

War von der Botanik schon die Rede, so muß hier auch die Leidenschaft Konrad Ferdinands für Steine, Kristalle, Mineralien genannt werden. Es kommt mir vor, als ob diese Beschäftigung mit der Mineralogie für einen Verleger etwas Gleichnishaftes hat. Die Erklärung hierfür fand ich bei Johann Wolfgang von Goethe, der in den Tag- und Jahresheften über seinen Aufenthalt in Karlsbad 1807 die Beschäftigung mit Geologie und Mineralogie rechtfertigt: „Niemand hat das Recht, einem geistreichen Manne vorzuschreiben, womit er sich beschäftigen soll. Der Geist schießt aus dem Zentrum seine Ra-

dien nach der Peripherie, stößt er dort an, so läßt er's auf sich beruhen und treibt wieder neue Versuchslinien aus der Mitte, auf daß er, wenn ihm nicht gegeben ist seinen Kreis zu überschreiten, er ihn doch möglichst erkennen und ausfüllen möge ..." Und wenn wir den Zweck vergessen haben, „welches wir doch keineswegs behaupten dürfen, so waren wir doch Zeugen der Freudigkeit, womit er das Geschäft betrieb, und wir lernten von ihm, und lernten ihm ab, wie man verfährt, um sich in einem Unternehmen zu beschränken und darin eine Zeitlang Glück und Befriedigung zu finden".

MODERN METHODS
OF PLANT ANALYSIS

FOUNDED BY

K. PAECH   M. V. TRACEY

CONTINUED BY

H. F. LINSKENS   M. V. TRACEY

VOLUME V

CONTRIBUTORS

K. BIEMANN · N. K. BOARDMAN · B. BREYER · S. P. BURG · W. L. BUTLER
D. J. DAVID · P. S. DAVIS · A. E. DIMOND · A. C. HILDEBRANDT
F. A. HOMMES · O. KRATKY · H. F. LINSKENS · H. MOOR
K. H. NORRIS · I. J. O'DONNELL · J. V. POSSINGHAM · H. PRAT
D. H. M. VAN SLOGTEREN · E. STAHL · J. A. VAN DER VEKEN
J. P. H. VAN DER WANT · E. F. WOODS

WITH 228 FIGURES

SPRINGER-VERLAG
BERLIN · GÖTTINGEN · HEIDELBERG
1962

MODERNE METHODEN
DER PFLANZENANALYSE

BEGRÜNDET VON

K. PAECH   M. V. TRACEY

FORTGEFÜHRT VON

H. F. LINSKENS   M. V. TRACEY

5. BAND

BEARBEITET VON

K. BIEMANN · N. K. BOARDMAN · B. BREYER · S. P. BURG · W. L. BUTLER
D. J. DAVID · P. S. DAVIS · A. E. DIMOND · A. C. HILDEBRANDT
F. A. HOMMES · O. KRATKY · H. F. LINSKENS · H. MOOR
K. H. NORRIS · I. J. O'DONNELL · J. V. POSSINGHAM · H. PRAT
D. H. M. VAN SLOGTEREN · E. STAHL · J. A. VAN DER VEKEN
J. P. H. VAN DER WANT · E. F. WOODS

MIT 228 ABBILDUNGEN

SPRINGER-VERLAG
BERLIN · GÖTTINGEN · HEIDELBERG
1962

ENCYCLOPEDIA OF PLANT PHYSIOLOGY

EDITED BY

W. RUHLAND

COEDITORS

E. ASHBY · J. BONNER · M. GEIGER-HUBER · W. O. JAMES
A. LANG · D. MÜLLER · M. G. STÅLFELT

VOLUME XVIII

SEXUALITY · REPRODUCTION
ALTERNATION OF GENERATIONS

CONTRIBUTORS

L. BAUER · W. DÖPP · K. ESSER · H. ETTL · H. FÖRSTER · C. HARTE · E. HAUSTEIN
M. KAPOOR · K. KOHLER · M. KROH · H. F. LINSKENS · D. G. MÜLLER
K. NAPP-ZINN · K. NEUMANN · U. NÜRNBERG-KRÜGER · A. NYGREN · J. R. RAPER
F. RESENDE · G. SÜRGEL · H. A. v. STOSCH · J. H. TAYLOR · H. WEBER · W. WEBER

WITH ASSISTANCE OF J. STRAUB SUBEDITED BY

H. F. LINSKENS

WITH 366 FIGURES

SPRINGER-VERLAG
BERLIN · HEIDELBERG · NEW YORK
1967

HANDBUCH DER PFLANZENPHYSIOLOGIE

HERAUSGEGEBEN VON

W. RUHLAND

IN GEMEINSCHAFT MIT

E. ASHBY · J. BONNER · M. GEIGER-HUBER · W. O. JAMES
A. LANG · D. MÜLLER · M. G. STÅLFELT

BAND XVIII

SEXUALITÄT · FORTPFLANZUNG
GENERATIONSWECHSEL

BEARBEITET VON

L. BAUER · W. DÖPP · K. ESSER · H. ETTL · H. FÖRSTER · C. HARTE · E. HAUSTEIN
M. KAPOOR · K. KOHLER · M. KROH · H. F. LINSKENS · D. G. MÜLLER
K. NAPP-ZINN · K. NEUMANN · U. NÜRNBERG-KRÜGER · A. NYGREN · J. R. RAPER
F. RESENDE · G. SÜRGEL · H. A. v. STOSCH · J. H. TAYLOR · H. WEBER · W. WEBER

UNTER MITWIRKUNG VON J. STRAUB REDIGIERT VON

H. F. LINSKENS

MIT 366 ABBILDUNGEN

SPRINGER-VERLAG
BERLIN · HEIDELBERG · NEW YORK
1967

Die zweite Begegnung mit Konrad Ferdinand Springer im Juli 1964 war nicht ohne Dramatik mit Folgen. Auf der Suche nach meinem Häuschen, das am Hang eines der wenigen holländischen Diluvial-Hügel liegt und das nur über eine enge, steile Straße, einen asphaltierten Hohlweg, zu erreichen ist, passierte Konrad Ferdinand ein Mißgeschick. Einem entgegenkommenden Bus auszuweichen versuchend steuerte er seinen Mercedes an eine Betonwand. Abgesehen von dem Autoschaden hatte sich Konrad Ferdinand einen Armbruch eingehandelt. Diese zweite Begegnung war daher von dem Weg ins Krankenhaus und dem Ergebnis überschattet: ein Gips-Arm, sowie Abschleppen des Auto-Wracks. Noch heute ist der Knöchel des linken Mittelfingers von Konrad F. Springer nach innen gedrückt und heißt zwischen uns seitdem der „Linskens-Knöchel"; so etwas verbindet. Dieser verlegerische Ausflug Konrad F. Springers war also ziemlich kurz. Er kehrte mit dem Zug, den Kleidersack über dem heilen Arm, nach Heidelberg zurück.

Das Wort vom Verleger-Freund las ich zum ersten Mal bei Julius von Schlosser, der es 1929 in seinem Vorwort zu den „Kleinen Schriften zur Ästhetik" von Benedetto Croce gebraucht. Darin dankt er für eine „gütige Bewilligung". Freunde verbindet persönliche Bande; gütige Bewilligung dagegen läßt eher etwas von Abhängigkeit durchschimmern. Aber das Verhältnis Autor-Verleger ist ja nicht symmetrisch, und dies macht seine Dynamik und seine Spannung aus. Wie aber kommen Verleger und Autor zusammen? Kurt Wolff hat dies in seiner schönen Autobiographie, die

104

im Verlag Klaus Wagenbach, in
den Quartheften, erschienen ist, als
eine Art Mädchenhandel beschrieben, von dem er meint, daß die Sache so alt ist wie das Metier des
Verlegers. Ich habe dies nie so erfahren. Konrad Ferdinand Springer
hat mehr von einem Abenteurer,
der sich anschleicht, Vertrauen er-
zeugt, gewinnend lächeln konnte,
sein Gegenüber sich entwickeln
ließ.
Mein Verleger gehört in keine der
beiden Kategorien, die Kurt Wolff
bei den entscheidenden Gesichtspunkten für die Wahl dessen, was
man publizieren soll, kennzeichnet.
Weder war er darauf aus, Bücher
zu verlegen, von denen er meint,
daß die Leute sie lesen sollten,
noch solche, von denen er hofft,
daß die Leute sie lesen wollen. Vielleicht ist es sogar ein Kriterium des
Hauses Springer, das Konrad Ferdinand Springer in den letzten
20 Jahren so entscheidend mitge-
staltet hat, solche Titel zu suchen,
die die Wissenschaft vorwärts bringen, der Forschung dienen. Diese
sehr unabhängige Stellung und Ein-
stellung hat also nichts mit einem
Kampf gegen den verlegerischen
Nebenbuhler oder mit dem Kampf
um die Leserschaft (Spemann) zu
tun.
Wissenschaftliche Bücher sind ja im
allgemeinen keine Bestseller. Das
Geheimnis des Erfolges eines wissenschaftlichen Werkes läßt sich
nicht auf eine kurze Formel bringen. Weder der Umschlag, noch

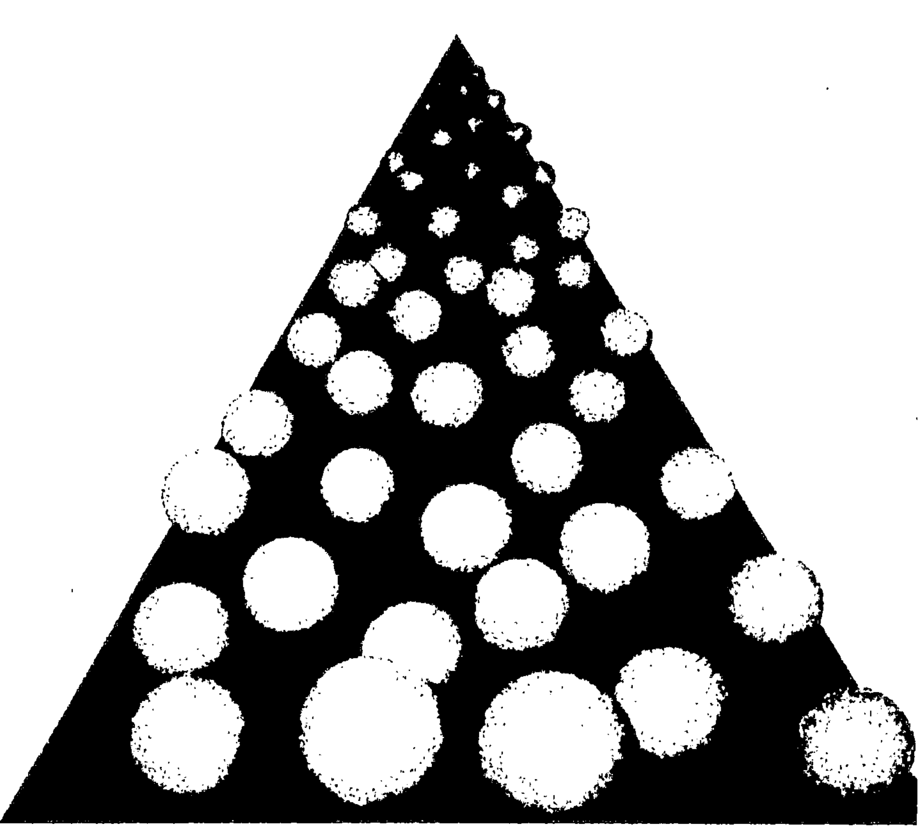

der Klappentext können viel zum
Verkauf der Auflage beitragen. Es
sind viel eher die Rezensionen, die
Meditation der kritischen Leser, die
oft harten Verrisse und zurückhal-
tenden Lobeshymnen der Kollegen,
die ein Buch in die Hände der Wissenschaftler, in die Regale der Insti-
tutsbibliotheken, auf die Nacht-
kästchen der besessenen Forscher
bringen. Wenige Rezensenten sind
sich wohl der Verantwortung bewußt, die sie für den impact, die
Wirkungsmöglichkeit eines wissen-

105

Monographs on
Theoretical and Applied Genetics 9

Edited by
R. Frankel (Coordinating Editor), Bet-Dagan
G. A. E. Gall, Davis · M. Grossman, Urbana
H. F. Linskens, Nijmegen · R. Riley, London

Petunia

Edited by
Kenneth C. Sink

With 73 Figures

Springer-Verlag
Berlin Heidelberg New York Tokyo 1984

schaftlichen Buches mit ihrer Besprechung haben.
Ein wissenschaftlicher Verlag lebt nicht nur von seinen Büchern allein. Ein gut Teil der neuesten wissenschaftlichen Erkenntnisse schlägt sich in Zeitschriften nieder, die vom Verleger eine besonders behutsame Pflege erfordern. Konrad Ferdinand Springer hat sich diese besonders angelegen sein lassen. Der biologische Sektor des Verlagsprogramms ist sein Wirkungsfeld, die meisten seiner Autoren kennt er persönlich, hat sie angeworben, ihnen Mut zum Schreiben gemacht.
Bei den Zeitschriften spielen die Herausgeber eine entscheidende Rolle. Waren in früheren Zeiten ein oder einige wenige Herausgeber mehr Richter und Sichter, so haben unter Konrad Ferdinands sanfter Hand die Herausgeber-Kollegien der wichtigen biologischen Zeitschriften des Verlages nicht nur an Umfang beträchtlich zugenommen. Ihre Funktion hat sich von der Beurteilung und Selektion mehr zur Hebammen-Arbeit verschoben: dem Autor behilflich zu sein bei der sachgerechten Präsentation von Ergebnissen, die neu sein müssen, die einen Fortschritt in der wissenschaftlichen Erkenntnis bedeuten. Diese zusätzliche Funktion war besonders bedeutsam bei der Umstellung fast des gesamten Verlagsprogrammes der Zeitschriften auf die englische Sprache. Viele der traditionellen deutschen Autoren hatten Schwierigkeiten mit der Anpassung an die angelsächsische Formgebung und sprachliche Gestaltung. Daß die Springer-Zeitschriften hier Hil-

festellung durch vergrößerte, internationale Herausgeber-Gremien boten, dürfte wenigen Autoren bewußt sein, hat aber entscheidend zu der Weltgeltung der Springer-Zeitschriften beigetragen.

Ein anderes wichtiges Kapitel ist die Frage der Neugründung von naturwissenschaftlichen Zeitschriften. Neue Entwicklungen auf vielen Gebieten der Biologie machen neue Publikationsorgane notwendig. Konrad Ferdinand Springers Haltung war darin eher konservativ, wenngleich er an der Wiege zahlreicher neuer biologischer Zeitschriftentitel gestanden hat. Auch die Umformung bestehender, traditionsreicher Organe mit vorzugsweise deutscher Publikationssprache und mit Redakteuren aus dem deutschen Sprachbereich in englischsprachige Zeitschriften mit internationalen Herausgeber-Gremien hat er kräftig betrieben. Dabei waren ihm seine zahlreichen Reisen in die wichtigsten Länder der wissenschaftlichen Produktivität hilfreich. Ohne seine Initiative wäre das Springer-Haus in New York an der 5th Avenue nicht so, und so bald, zustande gekommen. Der Weitblick des Verlegers richtet sich ja nicht nur auf den potentiellen Autor; sein Wirken im Dienste der sich ihm anvertrauenden Autoren muß auch auf künftige Entwicklungen des wissenschaftlichen Marktes ausgerichtet sein.

Konrad Ferdinand Springers Weg als Verleger ist gekennzeichnet durch seine Weltläufigkeit, sein Gespür für künftige Entwicklungen, seine Offenheit für Neues, seinen in der Tradition eines großen Hauses ruhenden Wagemut.

In den letzten Jahren ist das Verlagswesen, auch der wissenschaftlichen Verlage, einem erst langsamen, aber immer mehr sichtbaren Wandel unterworfen. „Die individuellen Gesichter verschwinden immer mehr, die Großproduktion hat rationalisierend und unter Ausnutzung raffinierter Herstellungsmethoden die Herrschaft angetreten. Das Verlags-Geschäft dominiert", wie Lambert Schneider dies mit leiser Melancholie skizziert. Neue Medien schauen über den Zaun. Die steigenden Produktionskosten engen den Käuferkreis wissenschaftlicher Zeitschriften und Bücher immer mehr ein. Konrad Ferdinand Springer hat aber den persönlichen Charakter seines Verlages hochgehalten. Und wenn jetzt die 5. Generation im Verlag tätig wird, dann deutet sich damit eine Kontinuität an, die der Ware Buch gut tut. Nicht die Höhe der Auflage eines wissenschaftlichen Buches entscheidet, sondern seine Wirkung. Die Bereitschaft zum Risiko, die eine solche Verleger-Haltung erfordert, hat Konrad Ferdinand in hohem Maße, darin mit seinen Mit-Verlegern sich einig wissend.

Ich habe Konrad Ferdinand Springer nie stöhnen hören unter dem Zwang, „immer und immer in Neuerscheinungen denken zu müssen", wie Erhart Kästner dies mit einem Schuß von Schwermut aus der Sicht des Bibliothekars beschreibt. Es ist ihm noch nicht zum Zwang geworden, neue Bücher zu machen, umzuschlagen, Produktion aufzulegen. Noch regiert im Springer-Verlag nicht das Gesetz des Verbrauches; die Springer-Leute haben es gewiß nicht erfunden. Und damit steht der Verlag auf der Seite der Leser: Neugründungen von Zeitschriften und neue Buch-Titel dürfen nicht durch die Druckmaschinen erzwungen werden, sondern von den Entdeckungen der Gelehrten, die Kommunikation brauchen. Auch Zeitschriften sind Archive der Forschung, sie sollten nicht zu Speichern von Kurzlebigem, von Überholtem werden und absinken zu „Schattenreichen" (Erhart Kästner).

Gottfried Bermann-Fischer beschreibt die Reaktion von Thornton Wilder auf die Werbung für seine Verlagsfamilie. Wilder antwortete: "I would be glad to be a fischerboy." In Analogie dazu kann ich diesen Ausspruch abwandeln: "I am glad to be a Springerboy."

H.F. Linskens

Zum gemeinsamen Weg in die Mikrobiologie

H.G. SCHLEGEL

Lieber Herr Springer!

Die Zusammenarbeit der Verleger mit den Hochschullehrern ist wohl so
alt wie der Buchdruck selbst. Es ist auch anzunehmen, daß sich einige
wissenschaftliche Verlage aus ganz persönlichen Verhältnissen mit Lehrern
und Professoren entwickelt haben. Die persönliche Beziehung im wissenschaftlichen Verlagswesen ist also sicher die ältere und ursprüngliche Art
der Begegnung. Ich habe den Eindruck, daß diese Zusammenarbeit schon
lange vor Beginn des Computerzeitalters einer rein geschäftsmäßigen Beziehung Platz gemacht hat, und heute werden wir von Computern gelistet,
kategorisiert, abgeschätzt und aufgefordert, Buchthemen vorzuschlagen und
Bücher und Buchbeiträge zu schreiben. Vor dem Hintergrund dieser weltweiten Entwicklung bin ich Ihnen dankbar, daß Sie die vom Vater geübten
Gepflogenheiten übernommen haben und mit den Autoren – welche es werden sollen, sind und gewesen waren – persönlich bekannt sind, daß Sie
persönlich Anregungen geben und den persönlichen Stil zum Stil Ihres
Hauses gemacht haben.
Ich kam mit Ihnen durch Herrn Pirson und Herrn Rippel in Kontakt.
Obwohl wir uns bis 1952 überhaupt nicht kannten, verbanden mich mit
Herrn Rippel als ehemaligem Botaniker viele gemeinsame Interessen, darun-
ter eine Vorliebe für die photo- und chemolithotrophen Bakterien. Als Herr
Pirson das Ruhlandsche Handbuch der Pflanzenphysiologie herausgab,
wandte er sich natürlich an Herrn Rippel als möglichen Autor für diesbezüg-
liche Kapitel. Und Herr Rippel, der schon kurz vor seiner Emeritierung
stand, aber die in den Nachkriegsjahren noch leicht überschaubare Zahl
der Naturwissenschaftler und deren Publikationen kannte, gab die Frage
der Beteiligung an diesem Handbuch weiter. So wurde ich erstmals Ihr
Mitarbeiter. Seither bin ich mit Ihnen durch das Archiv für Mikrobiologie,
wo ich die Nachfolge von Herrn Rippel angetreten habe, durch viele Beiträge
zu Zeitschriften und Monographien und zuletzt als Initiator und Mitherausgeber der „Prokaryotes" verbunden geblieben.
Als Naturwissenschaftler, der seine Promotion auf dem Gebiet der Botanik
abgeschlossen hat, sind Sie gegenüber Anregungen auf dem Gebiet der Biologie besonders aufgeschlossen. Sie haben Impulse gegeben und aufgenommen und der biologischen Forschung durch Ihre Aktivitätsentfaltung einen
großen Dienst erwiesen. Entsprungen ist Ihre Neigung zur Biologie wohl
der Verbundenheit mit der Natur, wie wir sie bei Goethe so schätzen. Sie
haben mir bei einem Besuch in Ihrem Hause Ihre Mineraliensammlung
gezeigt, die von Ihrem zweiten großen Lieblingsgebiet zeugt und ebenfalls
darauf hindeutet, daß die in Ihrem Verlagshaus gesetzten Akzente ihre Wur-

The
Prokaryotes

A Handbook on Habitats, Isolation, and Identification of Bacteria

Edited by
MORTIMER P. STARR   University of California, Davis
HEINZ STOLP   University of Bayreuth
HANS G. TRÜPER   University of Bonn
ALBERT BALOWS   Centers for Disease Control, Atlanta
HANS G. SCHLEGEL   University of Göttingen

Volume I

Springer-Verlag
Berlin Heidelberg New York

zel nicht in Konjunkturüberlegungen, sondern in den natürlichen Neigungen
Ihres Leiters haben.
Eine langjährige Tätigkeit verbindet mich mit Ihnen als Nachfolger von Herrn
Rippel und damit als Herausgeber des Archivs für Mikrobiologie.
Diese Zeitschrift ist eine der ersten, die in den dreißiger Jahren gegründet
worden sind. Für die Publikationen der Pionierarbeiten standen die Annales
de l'Institut Pasteur (gegründet 1886) und das Zentralblatt für Bakteriologie,
Parasitenkunde, Infektionskrankheiten und Hygiene (1895) zur Verfügung.

110

Die Entwicklung in den Vereinigten Staaten befriedigte mit der Gründung
des Journal of Bacteriology (1916) einen Nachholbedarf. Der Springer-Verlag war dann der erste Verlag, der auf die Ausweitung der Erforschung
der Mikroorganismen reagierte und mit Herrn Rippel und Behrens das
Archiv für Mikrobiologie (1930) gründete. Er leitete damit eine weltweite
Entwicklung ein, und innerhalb weniger Jahre erschienen die Mikrobiologija
(1932), Antonie van Leeuwenhoek (1934), Journal of General Microbiology
(1947), Acta Microbiologica Polonica (1952), Canadian Journal of Microbiology (1954) und die Folia Microbiologica (1955), um nur einige der großen Zeitschriften meines Faches zu erwähnen. Es ist offensichtlich, daß
Ihr Haus schon damals (1930) die Tendenz erkannt hatte, daß auf einer
Periode der Erforschung vorzugsweise der Bakterien eine Ausweitung der
Forschung auf die Fülle der Mikroorganismen erfolgen mußte. Es bedurfte
also solcher Zeitschriften, die neben Bakterien auch Hefen und andere Pilze,
Mikroalgen und auch physiologisch und ökologisch orientierte Arbeiten
mit einbezogen. Die Gestaltung des Archivs ist stets sehr gewürdigt worden,
vor allem im Hinblick auf die liberale Handhabung der von den Autoren
einzuhaltenden Regeln. Der Wunsch zur Beibehaltung dieses Stils war auch
noch spürbar und wurde von mehreren führenden Kollegen zum Ausdruck
gebracht, nachdem ich die Herausgeberschaft (von Herrn Rippel) übernommen hatte.
Die Entwicklung unseres Faches, die immer stärkere Betonung der Biochemie und Genetik und die rapide Ausweitung und Vertiefung der Erkenntnisse machten eine Reglementierung der Autoren notwendig. Es war einsehbar, daß dem Leser nicht lange, essayistische, nach Belieben komponierte
und großenteils rein beschreibende Publikationen zuzumuten waren. Kurz
vor seinem Ausscheiden als Mitherausgeber bekannte Herr R. Harder, daß
er heute seine eigenen Arbeiten nicht mehr akzeptieren würde. Die große
Zahl der Forschenden begann sich als Zulieferer von Mosaiksteinchen zu
großen Bildern zu verstehen. Schon die Benutzung einer großen Zahl vereinheitlichter Methoden führte zu einer gewissen Monotonie im Aufbau der
Publikationen. Den Autoren eine bestimmte Gliederung der Arbeit vorzuschreiben und äußerste, prägnante Kürze anzuempfehlen, war eine zwangsläufige Folge dieser Entwicklung. Davon konnte auch das Archiv keine
Ausnahme machen. Hinzu kam der Konsens, sich der englischen Sprache
zur weltweiten Kommunikation auch in der Wissenschaft zu bedienen. Dieser Tendenz wurde auch in der Umbenennung unserer Zeitschrift (1972)
in "Archives of Microbiology" entsprochen.
Die Aufgaben des Editors haben sich im Laufe dieser Entwicklung erheblich
geändert. Hatte er früher die eingereichten Manuskripte nur global zu beurteilen, da und dort zu glätten und über ihre Veröffentlichungswürdigkeit
zu befinden, so muß er heute den wesentlichen Inhalt zu verstehen suchen
und sich im Detail von Experten beraten lassen. Das Referiersystem ist
unumgänglich. Zwar kann auch schon ein Lektor erkennen, mit welchem
Grad an Sorgfalt eine Arbeit angefertigt wurde, spiegelt sich doch die experimentelle Sorgfalt selbst im Stil, in der typographischen Richtigkeit und der
Zitierung der Literatur wider; die korrekte Handhabung der Methoden,
den innovativen Charakter und Zulässigkeit der Schlußfolgerungen, kann

aber nur der dem Autor auf dem Spezialgebiet am nächsten stehende Fachmann beurteilen. Ohne dessen Hilfe ist eine sachgerechte Kommentierung eines Manuskriptes und Beratung eines Autors unmöglich. Dankenswerterweise sind die meisten Experten zu dem damit verbundenen Müheaufwand bereit. Das Referiersystem hat hervorragende Erfolge gezeigt. Es hat nicht nur dazu geführt, daß die akzeptierten Arbeiten formal den Anforderungen genügen, daß sie die notwendigen Informationen enthalten, in einem knappen, nüchternen, wissenschaftlichen Stil geschrieben sind und sich in der Darstellung und Diskussion auf das Wesentliche konzentrieren, sondern das Referiersystem hat den Autoren auch viele Anregungen und Impulse vermittelt; es hat das Niveau der Forschungsarbeiten steigern geholfen. Insofern dient die Tätigkeit der Herausgeber und Referenten der Zeitschriften nicht nur der Zeitschrift, sondern auch der Forschung an sich.

Die Edition von wissenschaftlichen Zeitschriften hat auch ihre Probleme. C.T. Bishop hat sie nicht zu geringfügig erachtet, ihnen ein Buch zu widmen "How do edit a scientific journal". Er verkennt dabei weder die wissenschaftlichen noch die menschlichen und diplomatischen Voraussetzungen, die in der Person der Editoren vereinigt sein müssen. Nur wenigen Editoren gelingt es, ihre Aufgabe optimal zu erfüllen, wenn sie nicht selbst (noch) aktiv in der experimentellen Forschung tätig, der Praxis der täglichen Laboratoriumsarbeit verbunden und als Autoren in anderen als der von ihnen betreuten Zeitschrift des leidigen Begutachtetwerdens ausgesetzt sind. Dadurch erfährt der Editor in eigener Person die Leiden des gegängelten Autors. Er lernt abzuwägen, ob er einen möglicherweise im Zorn verfaßten Kommentar unverändert an den Autor weitergeben kann, ob er gütig zum Weitermachen und Ergänzen anregen oder arrogant abweisen und demütigen soll. Er gewinnt ein Gespür, wo Ratschläge, Zielesetzen und die Probleme aufzuzeigen sinnvoll und lohnend sind und womit ein Autor überfordert wird. Kurzum, dem Editor kommt eine entscheidende Funktion nicht nur zugunsten der von ihm betreuten Zeitschrift, sondern die Funktion eines wissenschaftlichen Lehrers und Diplomaten zu. Diese vom Editor zu erfüllenden Funktionen dürfen nicht gering geachtet werden.

Lieber Herr Springer, mit Ihnen verbindet mich eine Reihe von Erinnerungen an gemeinsame Geselligkeiten. Die Besprechungen zur Planung von Zeitschriften und Büchern, zuletzt zur Edition der „Prokaryotes" waren immer ein kleines Fest für uns. Sie verstanden es, die Besprechungen gut vorbereiten zu lassen und ihnen einen würdigen Rahmen zu geben. Und ganz besonders erinnern sich die Herausgeber der „Prokaryotes", der Übergabe des fertigen Handbuches in einer Feier, zu der Sie die Autoren und ihre Ehefrauen eingeladen hatten. Ich erinnere mich auch, daß Sie gelegentlich eines Besuchs in Göttingen schnell entschlossen an einer Promotionsfeier teilgenommen haben, und Sie Gast bei den regelmäßig im November stattfindenden Öffentlichen Sitzungen der Akademie der Wissenschaften zu Göttingen waren, bei denen jungen Wissenschaftlern die Förderpreise der Akademie überreicht werden. Für Ihre Beteiligung an der Stiftung des Biologiepreises darf ich Ihnen nochmals herzlich danken.

Es ist uns ein natürliches Bedürfnis, in den Laboratorien Erforschtes und
in Studierstuben Durchdachtes der Umwelt mitzuteilen. Der Vortrag ist
die schnellste und unmittelbarste Art der Kommunikation. Geschriebenes
und Gedrucktes geben dem verfliegenden Wort indessen Beständigkeit als
Diskussion, Herausforderung, auch Kritik in der Gegenwart, als Dokumen-
tation und Nachschlagequelle für die Zukunft. Lassen Sie sich versichern,
lieber Herr Springer, daß die Mikrobiologie weiterhin mit Ihnen verbunden
bleiben wird. Ich wünsche Ihnen die Erhaltung Ihrer Aktivität und Schaf-
fenskraft sowie des Weitblicks, mit dem sie Ihr Haus schon jetzt in den
Fernen Osten expandiert haben.

Ihr

H.G. Schlegel

Reminiscences of Konrad F. Springer
on His 60th Birthday

WERNER K. MAAS

I first met Konrad Springer about 20 years ago; I do not remember the exact year but I do remember the occasion. I think that it was Charles Weissman who told me one day that Dr. Springer wanted to visit me and I felt excited about meeting the owner of the Springer Verlag. At about 11 o'clock in the morning a very tall man walked into my office and then collapsed silently into a chair. I felt helpless, but my assistant Helen McKeon rushed out for some coffee and after a few sips Konrad revived. Apparently he had just arrived in New York from Heidelberg and was under the influence of the long trip and jet lag. I don't know to what extent this unusual meeeting was responsible for establishing a bond between us, but we have had a warm relationship ever since. Most of our contacts were during short visits, either in New York or in Heidelberg. One unusual visit was in New York in 1965, when during an animated meeting in the late afternoon with several people of the Microbiology Department, suddenly all the lights went out. We found out that there was no electricity in the whole New York area, including trains and elevators.

This was the famous New York Black Out. Konrad was staying at the Waldorf Astoria Hotel and as I recall his room was on the 25th floor. We were living in Tarrytown at the time and, although I usually came by train, on this day I had come by car. So I left for home to look after my family and left my colleagues, including James Schwartz, in charge of Konrad. I found out the next day that they spent a pleasant and sociable evening together, but I do not remember if Konrad climbed up to his hotel room.

During most of our meetings we went for walks and we talked about developments in biology, especially molecular biology and genetics. In the early days we talked frequently about the Zeitschrift für Vererbungslehre and I think that these discussions contributed to the changing of its name to Molecular and General Genetics (MGG), as well to as my becoming one of the editors for

this journal. What impressed me was the interest and insight Konrad had in this field and how well he grasped the significance of new findings and concepts. For me it was a great pleasure to talk to a publisher, who went beyond the business part of publishing and cared about the intellectual contribution of his publications.

I did get to know the business side of Konrad, when I collaborated with H. Zähner on a little book called Biology of Antibiotics, which appeared in the Heidelberg Science Library series. There were some tense situations, caused mainly by my delay in submitting my part of the book, and Konrad had to intervene and try to act as moderator. He did this tactfully and the book saw the light of day in 1972.

I usually see Konrad once or twice a year. We do not always talk about genetics or even science.

I have learned a great deal from some of Konrad's special interests, such as mushrooms and expressionist painting. A memorable occasion was attending Hugo Wolf's opera *Der Corregidor* at the Zürich Opera House. It is not surprising that Konrad has this wide range of interests and hobbies, as they reflect the traditions of his family and his culture. They have contributed greatly to the pleasure I have derived from our encounters.

There are many aspects of Konrad's activities about which I only know from hearsay, such as the key role he has played in initiating the New York office of Springer-Verlag, now 20 years old. I know little about his publishing activities in other branches of science, except that he seems to be intensely involved with several areas, such as ecology and geology. All these factors add up to the picture of an effective publisher, tradition-bound,

yet committed to progress. In
contrast to this public impression
there is a private image that I have
formed over the years and that sig-
nifies for me Konrad's unique personality. At this occasion, as a me-
mento, I would like to describe the
constituents of this picture. They
are his thoughtful consideration of
questions that arise, which he often
shields by reflective silence; his in-
cisive comments and statements
that always go directly to the point
in question; and, above all, his
slowly emerging and almost con-
spiratorial smile, that reveals the
warmth of his personality. These
are the ingredients that have
created a feeling in me of trust and
friendship.

WERNER K. MAAS

Working with KFS

Mary Lou Motl

It is an honor to be invited to contribute to this volume celebrating Dr. Konrad F. Springer's 60th birthday. Having known him for 13 years, I thought it would be an easy task to prepare this tribute. But when I sat down to write, I found it surprisingly difficult to distill my affection and admiration for Dr. Springer. Although he may not realize it, in his quiet, kind, and thoughtful way, he has been one of the most influential people in my life. When he hired me as an acquisitions editor (notwithstanding my lack of experience), he opened the door for my career in publishing, which I continue to find both challenging and rewarding. When he guided me in my responsibilities at Springer-Verlag, he led me into professional relationships with brilliant thinkers, and many of them became my friends. When he introduced me to my future husband, he gave me a gift beyond evaluation.

Cooperating with Dr. Springer in his life's work as one of the great science publishers is a privilege. His unassuming demeanor, careful honesty, sensitivity to authors, and conviction that the excellence of the book outweighs other more pragmatic concerns, set him completely apart from other publishers. It is with deep affection, gratitude, and admiration that I have compiled these thoughts about Dr. Konrad F. Springer. I hope he, and other readers, will realize that my words are only a shadow of my feelings for him.

By any reasonable standard, working at Springer-Verlag New York Inc. under the direction of Dr. Konrad F. Springer was a dream job. On the strength of having an M.S. in human genetics, a good recommendation from a Springer author who was one of my professors at the University of Wisconsin-Madison, some experience living and working in Europe, and the ability to write well enough to detect and correct certain weaknesses in other people's manuscripts, I was hired as the Scientific Editor in the New York office. I was to be responsible for the development and editorial aspects of projects in biology, chemistry, and geology – the areas of Dr. Springer's special interest. I held this job, my first in the publishing world, from 1972 to 1976.

One of my responsibilities as Scientific Editor was to keep up with Dr. Springer's interests and contacts in the USA while he worked in Heidelberg on a wide variety of other projects. The fact that he is vitally interested in the progress and activities of his American authors kept us in constant touch by long-distance telephone, telex, and memo. The best times on the job, however, occurred when Dr. Springer visited the USA himself, attending conventions and conferring with authors at universities. He worked tirelessly at conventions, attending talks that interested him, spending long hours at the Springer-Verlag exhibit meeting with authors and potential authors, and even helping to sell books. Dr. Springer is a master at circulating in large groups of people and graciously enjoying their company. At huge cocktail parties, he has the uncanny ability – helped, no doubt, by his stature – to locate the person he wants to talk with in a room containing 6,000 people. Once this person is found, Dr. Springer's insight allows him to draw his companion into an engrossing conversation. He communicates with each person very directly, as an individual. This quality is a key to his ability to entertain so gracefully; every dinner is an absorbing private encounter between Dr. Springer and his guests.

It seems to me that scientists recognize Dr. Springer as one of their own. He has a deep appreciation of individual excellence and innovation in science. No doubt this is a natural consequence of his advanced degree in plant physiology. His own scientific accomplishments have made him an unusually successful publisher in the scientific field. Dr. Springer's close ties with a worldwide community of colleagues augment his instinctive understanding of what areas of research are developing and who the significant people are – the prospective authors, reviewers, and consultants. Time after time he would become fascinated by a new scientific area and would read about it and ask questions until he understood the important issues. In fact, he is willing to publish in disciplines so new that their market size and niche have not been determined.

More than a typical publisher, Dr. Springer serves as an advocate for excellent research. Not constrained to produce an annual quota of signed publishing agreements, he interacts with authors as a colleague, not simply as a party to a contract.

I suppose that other contributors to this volume will have mentioned Dr. Springer's ability to draw brilliant researchers into intense discussions of their work, and from there to motivate them to concentrate on developing a book or editing a new journal. But fewer contributors could speak with authority about his approach to managing his staff. By making his priorities clear, praising appropriately, and giving his subordinates lots of freedom of action, Dr. Springer brings out the best in those who work for him. His highly influential position in the company does not prevent him from listening carefully to the ideas and evaluations of his staff members. One couldn't be reticent and still work with Dr. Springer. I had been at Springer-Verlag for only 3 weeks when he sent me out on my first trip to contact prospective authors.

Partly because of his own tremendous stamina, Dr. Springer is able to motivate his immediate staff to work hard month after month, year after year. He asked less of us than he asked of himself. And as our cooperation continued, German formality diminished in favor of a warm friendliness that allowed us to interact on a first-name basis. His prominence in publishing and his power within Springer-Verlag never prompted Konrad to be stuffy, impatient, or remote. Although he had enough justification to isolate himself if he chose to, he was never anything but open, friendly, and genuine, fostering the same response in his colleagues. No difficulties ever blunted his positive good nature or his personal warmth – he really enjoyed the social aspects of our group. Eventually, Konrad acted as the best man at my wedding – a very appropriate responsibility, since it was he who introduced me to Wayne Pryor at a Geological Society of America meeting.

A casual observer might be tempted to say that Konrad is a workaholic. Actually, I thought of him as an active and energetic man, open to all of life's activities. Of course, he worked very long hours and traveled doggedly. But I also remember his suggesting that we take an afternoon off to view the Russian collection of French Impressionist paintings on display in Washington, DC. And because of his keen interest in minerals, we once enjoyed a private tour through the unequaled mineral collection at the Smithsonian Institution. Within 6 months after I started with Springer-Verlag, he sent me off on a marine geology field trip to learn something about reef formations and carbonate rocks. This particular trip was not expected to generate any publishing prospects directly, but he offered me the chance to learn more about geology under the most interesting possible conditions, and thereby become a more experienced editor. Konrad works hard, but he has a profoundly balanced view of life; he himself has wide interests and welcomes adventures. He tolerates no barriers for himself.

It is Konrad's strength that he focuses his mind on essential issues, but sometimes he neglects the details of day-to-day life. For example, he occasionally forgot to tip the innumerable expectant employees in hotels and restaurants. On one mild evening in New York, we met after work for dinner at an extremely luxurious, not to say aristocratic, restaurant on Park Avenue. The maitre d', waiter, wine steward, and assorted helpers – all in formal dress – hovered over us throughout the long elegant meal.

We both ordered veal, which was flambéed with great ceremony at the table. The waiters looked after us carefully, serving seconds and even starting over to flambé still more veal when Konrad agreed to another portion.

The sumptuous dinner ended very late in the evening with chocolate mousse and liqueurs. We were the last patrons in the restaurant when the waiter finally presented the bill – almost $100.00. I watched Konrad sign two $50.00 traveler's checks. When approximately $1.50 came back on the silver saucer, he turned a friendly smile on the waiter and told him to keep the change. The horrified waiter backed away from the table and alerted his three colleagues to our possible departure. They formed a gauntlet between our table and the exit and I could see they were preparing to demand their 20%. Trying to avoid embarassment, I commented to Konrad that the service charge had probably not been included in the bill. He took my point immediately and as we reached the bristling waiters, who had flambéed so willingly all evening, he stopped in front of each one and with a distinguished bow handed each a $20 note.

Konrad has a startling appreciation of the absurd – an insight that seems to enhance his perspective on life. And with his lively sense of humor combined with a gift for languages, he liked to amuse us with limericks and puns of his own making. An amazing pastime for one who is not a native speaker of English! Over the years Konrad's delight in quoting Ogden Nash's poetry has acquainted his friends with many bizarre lines and images. My personal favorite – and, indeed, advice I always follow – is:

Better yet, if called by a panther,
Don't anther.

Congratulations on your 60th birthday, Konrad! We are with you in your celebration!

Mary Lou Motl
MARY LOU MOTL

To Konrad F. Springer
on the Occasion of His 60th Birthday

Francis A. Gunther and Jane Davies Gunther

When Konrad Springer was born, the mold was thrown away for he was unique, never to be duplicated, but always to be looked on in wonder as he made his way through life, using his prodigious mental and physical gifts to the astonishment of all who have been fortunate enough to know him. We first met Konrad Springer in the late 1960s, when he assumed responsibility for *Residue Reviews* as one of his particular interests. Since that time we have had many interesting meetings with him in Heidelberg and in Riverside, California, and have never ceased to marvel at his abilities, his grasp of facts, his multitudinous interests, his physical stamina, and his never-failing good humor.

One particularly memorable demonstration of his wide-ranging interests occurred in Germany on a summer day in 1967, when he took us, our son and daughter, and Prof. Pietro Pietri-Tonelli from Milano, Italy, on a day-long Weinstraße tour. Architectural gems and historic sites were visited and their fine points were discussed knowledgeably, while agricultural practices relating to viniculture and methods of producing the area's notable wines were detailed as he personally drove us on by-ways through congested holiday traffic. There were unscheduled detours that inexplicably led to one-way streets and at one point a blind-ended street (from which he cheerfully extricated us and the car with inventive ease), but he kept on as best he could, following his previously thought-out route until we arrived at a charming country Gasthaus to feast on regional specialities as the culmination of the trip. As we all devoured Kartoffelklößchen, a distinctive feature of the Gasthaus menu, we all agreed that it had been a splendid day.

As we got to know him better and better through the years, we began to realize the full extent of Konrad's multitudinous interests: history, architecture, geology (especially geodes and gemstones), botany, and the physical sciences. He has been a veritable encyclopedia of interesting information. We particularly remember a day several years ago in Riverside when we took him to the extensive University of California, Riverside, Botanic Gardens. He was fascinated, recognizing many of the plants by their scientific names; we finally had to drag him away, for he had an airplane to catch in Los Angeles.

We are pleased that Konrad has visited with us in our home in Riverside several times. It also pleases us to remember being his guests in his beautiful home in Heidelberg where, with justifiable pride, he showed us his elaborate rock, mineral, and gemstone collection. Above all, we remember with much appreciation Konrad's generosity with Springer-Verlag books. Several times over the years we have sat in his outer office in Heidelberg, waiting to pay our respects, and have noticed several newly-published books on display there. He would come out of his office to greet us and would notice we were examining one or more of these books. "Do you like those?" he would ask; "I will send them to you!" He never forgot to do it. Konrad has always encouraged us in our editorial efforts with *Residue Reviews*, a cooperation we much appreciate; volume 1 of this book series appeared in September, 1962, and volume 100 will appear in late 1985 or early 1986, an average rate of more than four volumes per year. Konrad also enthusiastically participated in the Riverside-Heidelberg-New York City decisions to proceed with the organization and publication in 1968 of the companion journal *Bulletin of Environment Contamination and Toxicology* to be followed in 1971 by the third member of the triumvirate, the *Archives of Environmental Contamina-*

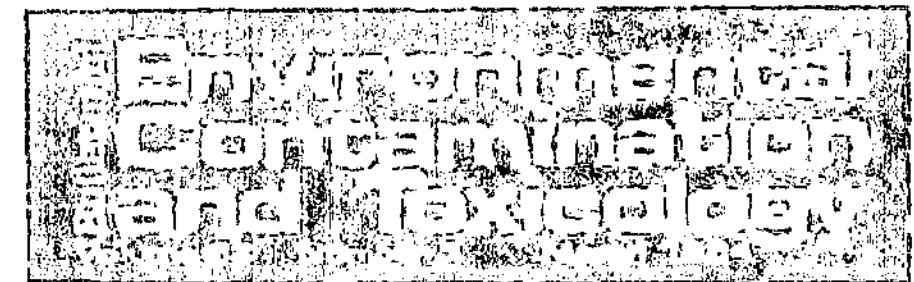

Residue Reviews

Reviews of Environmental
Contamination and Toxicology

Volume 93

Effect and Persistence of Selected
Carbamate Pesticides in Soil

By
B.S. Rajagopal, G.P. Brahmaprakash,
B.R. Reddy, U.D. Singh, and
N. Sethunathan

Springer-Verlag
New York   Berlin   Heidelberg   Tokyo

RESIDUE REVIEWS

Reviews of Environmental
Contamination and Toxicology

Editor
FRANCIS A. GUNTHER

Assistant Editor
JANE DAVIES GUNTHER

Riverside, California

ADVISORY BOARD

F. Bro-Rasmussen, Lyngby, Denmark
D. G. Crosby, Davis, California · S. Dormal-van den Bruel, Bruxelles, Belgium
C. L. Dunn, Wilmington, Delaware · H. Frehse, Leverkusen-Bayerwerk, Germany
K. Fukunaga, Tokyo, Japan · H. Geissbühler, Basel, Switzerland
O. Hutzinger, Bayreuth, Germany
H. F. Linskens, Nijmegen, The Netherlands
N. N. Melnikov, Moscow, U.S.S.R. · R. Mestres, Montpellier, France
P. de Pietri-Tonelli, Milano, Italy · I. Ziegler, München, Germany

VOLUME 93

Effect and Persistence of Selected Carbamate
Pesticides in Soil

By

B. S. Rajagopal, G. P. Brahmaprakash, B. R. Reddy,
U. D. Singh, and N. Sethunathan

SPRINGER-VERLAG
NEW YORK   BERLIN   HEIDELBERG   TOKYO
1984

tion and Toxicology. With volume 100, *Residue Reviews* will be relabeled as *Reviews of Environmental Contamination and Toxicology;* as of 1984, this book series has had that subtitle.

Dr. Konrad F. Springer, we have enjoyed very much knowing and working with you for many years.

You are still as active, enthusiastic, and interesting as you were when we first met. We hope you will never change. Congratulations and best wishes on your sixtieth birthday!

FRANCIS A. GUNTHER

JANE DAVIES GUNTHER

122

Ein Mensch mit Eigenschaften

Meinem Freund Konrad F. Springer zu seinem 60. Geburtstag herzlich zugeeignet

Egon T. Degens, Hamburg

Das Verhältnis zwischen Verleger und Autor reicht – gemessen an der Richter'schen Erdbebenskala – allgemein von 3.5 bis 8.0 oder anders ausgedrückt, von „leicht erregt" bis „am Boden zerstört". Kein geringerer als mein Lieblingsautor Robert Musil sei dazu als Kronzeuge aufgerufen. In seinen Tagebuchaufzeichnungen aus dem Jahre 1930 und geschrieben in seinem fünfzigsten Lebensjahr kann man folgendes nachlesen*:

„6.I. Ich habe vor zwei Tagen an S. Fischer geschrieben... Wir haben nur noch für wenige Wochen zu leben. Martha wünscht, daß ich mir das klar mache; ich habe es hinausgeschoben, bis die Antwort von Fischer kommt oder nicht kommt!

8.I. Antwort von S. Fischer aus S. Moritz. Fischer läßt einstweilen durch seinen Verlag 250 M. schikken.

9.I. S. Fischer gedankt.

10.I. Morgens das Geld vom Verlag S. Fischer.

30.I. Die ersten 150 Seiten korrigiert (Anm.: „Der Mann ohne Eigenschaften").

2.II. Ich bin mit der Korrektur noch immer nicht auf Seite 200.

4.II. Abends Mahnbrief an Rowohlt aufgegeben.

13.II. Weder von S. Fischer eine Nachricht noch von Rowohlt die Antwort. Ich bin schon seit Tagen aufs äußerste gereizt, ohne mich verteidigen zu können, denn S. Fischer zu erinnern, ist mir peinlich und Rowohlt bin ich ausgeliefert. Auch sage ich mir, daß vielleicht die Wirkung seines Zögerns meiner Aufregung nicht entspricht, es ist mehr die wiederbeginnende Nachlässigkeit, die mich so empört und das Schlimmste befürchten läßt, Zerwürfnis im Sommer und Versöhnung im Herbst scheinen ganz vergeblich gewesen zu sein. Meine Nerven haben sich dieser Lage wieder nicht gewachsen gezeigt; meine Verdauung ist unregelmäßig...

16.II. Da ich, solange ich nicht fertig bin, gegen Rowohlt nichts ausrichten kann, suche ich mich vorläufig hineinzuschicken.

18.II. Meine Lage und Verhalten zu Rowohlt und Fischer quält mich sehr; ich bin bei jeder Aussprache mit Martha sehr gereizt (sie auch). Ich entwerfe und verwerfe Konzepte von Briefen, Brief an Rowohlt abgesandt.

25.II. Endlich gestern die dritte Mappe zu Ende korrigiert. Nebenherlaufend ergebnislose Erwägungen Rowohlt, S. Fischer, Frankfurter Zeitung usw. Ich bin außerordentlich nervös und schlafe schlecht, auch wenn ich alle Gedan-

ken sein lasse. Der Faden an dem unser Leben hängt, ist schon außerordentlich dünn.

28.II... nachmittags an Fischer geschrieben... Ich habe S. Fischer unter Diskretion gefragt, ob er wirklich nicht mich zurücknehmen möchte. Ich erwarte eine Ablehnung; denn von ihm aus gesehen, welchen Grund hätte er, sich einen schwierigen Autor, der dazu gegenwärtig gar keinen besonderen Ruf hat, in seinen Abendfrieden zu setzen. Dabei ist mir auch gegenwärtig, wie schlecht er sich mir gegenüber benommen hat und wie ich gegen ihn noch viel heftigere Abneigung hatte als jetzt gegen Rowohlt.

30.II. Sonntag. Gestern abend zum erstenmal in meinem Leben Brom genommen.

Vermächtnis III (Abgebrochen)... und ich habe in den letzten Jahren während der Arbeit am ‚Mann ohne Eigenschaften' mehr als einen Augenblick erlebt, wie man ihn seinem Todfeind nicht wünschen soll. Vielleicht bewirkt diese offene Darlegung irgend etwas. Noch immer ist Deutschland ein Land, wo nicht ganz wenig Geld zur Förderung geistiger Werke aufgewandt wird. Da es zugleich ein Land der chaotischen geistigen Unterscheidungslosigkeiten ist, habe ich freilich wenig Hoffnung."

Soweit Robert Musil.

---

* Tagebücher, Aphorismen Essays und Reden (herausgegeben von Adolf Frisé), Rowohlt Verlag, Hamburg, 1955, pp. 963

Mein Verhältnis zu Konrad Springer liegt auf der Richterskala zwischen 0 und 1 oder auf gut deutsch, zwischen ‚sanft' und ‚innig bewegt'. Dafür sprechen Bände, und zwar Springerbände, die ich das Vergnügen hatte, über die letzten 20 Jahre bei seinem Verlag herauszubringen.

Unsere Wege kreuzten sich erstmals in Woods Hole, einem idyllischen Ort auf der Halbinsel Cape Cod im Staate Massachusetts. Eigentlich müßte man von einer Insel sprechen, denn vor knapp hundert Jahren wurde Cape Cod durch einen Kanal vom Festland getrennt. Man erhoffte sich durch einen schnelleren Seeweg zwischen Boston und New York ein Geschäft, was sich aber als Irrtum erwies.

Cape Cod und die beiden kleinen vorgelagerten Inseln Nantucket und Martha's Vinyard sind ein Produkt aus jüngster geologischer Vergangenheit. Mit dem Abschmelzen des Inlandeises türmten sich vor gut 7000 Jahren auf dem amerikanischen Festlandsockel Sand und Geröll des kristallinen Nordens zu diesen drei Gebilden auf. Sie wurden von den Indianern erstmals besiedelt, wann genau, darüber streiten sich noch die Gelehrten. Die Nachfahren der Pilgrims nahmen um die Mitte des siebzehnten Jahrhunderts von diesem Stückchen Land Besitz. Es gibt zwar noch wenige Indianerfamilien hier und dort, aber im Grunde sind nur noch ein paar Namen übriggeblieben. Bestimmt ist Dir, lieber Konrad, der Name Chappaquiddick geläufig. Übrigens kommt auch die Kennedy-Familie aus dieser Gegend. Sehen wir einmal von Deinem Besuch im Jahre 1965 ab, also dem, wo wir uns kennenlernten, so hat Woods Hole eigentlich erst Bedeutung durch die Gründung des 'Marine Biological Laboratory' und des 'Woods Hole Oceanographic Institution' erlangt. Mittlerweile arbeiten über 1000 Wissenschaftler und Techniker in den beiden weltweit anerkanntesten ozeanographischen Einrichtungen ihrer Art.

Das Jahr 1965 stellte einen besonderen Meilenstein in der Geschichte der marinen Geologie dar. Die Entdeckung, daß der Meeresboden sich entlang des mittelozeanischen Rückens ausbreitet und die Kontinente gewissermaßen wie auf einem Fließband voneinander trennt, war erst zwei Jahre alt. Die Vorstellung der globalen Plattentektonik kondensierte sich erst gerade in den Köpfen einiger weniger. Da fanden wir in der Mitte des Roten Meeres über der Riftzone in einer Wassertiefe von 2000 m heiße Salzsolen und Erzschlämme. So konnten wir vor Ort die geologischen und chemischen Vorgänge studieren, die zur Bildung hydrothermaler und schichtgebundener Erzlagerstätten führen. Nebenbei bemerkt, viele der wichtigsten Lagerstätten der Welt haben einen solchen Ursprung. In Deutschland sind es der Rammelsberg im Harz und Meggen im Sauerland.

Das Ganze war eine echte Goldmine, nicht nur wissenschaftlich oder verlegerisch, sondern echt, wenn man bedenkt, daß der Wert dieser Lagerstätten allein für Gold rund 50 Millionen Dollar beträgt. Um eine lange Geschichte kurz zu machen: Es warst Du, Konrad, der David Ross und mich ermutigte, aus dem Ganzen einen Springerband zu machen. Dieser erschien unter dem recht vielsagenden Titel 'Hot Brines and Recent Heavy Metal Deposits in the Red Sea' im Jahre 1969 und dazu im Großformat und einem wunderbaren farbigen Satellitenphoto als Deckumschlag. Wir waren alle begeistert, bis wir den Preis sahen: US $ 59; und er stand schon **fett** gedruckt innen im Umschlag an der rechten oberen Ecke. Dies dämpfte unsere Freude erheblich. Für mich hieß das Ganze, mich sofort mit Konrad Springer in Verbindung zu setzen, wie es auch Robert Musil in einer ähnlichen Situation mit seinem Verlagseigentümer tat (siehe: Tagebücher etc., S. 165), „Gang zu S. Fischer...: ich nehme mir unterwegs vor, die geschäftlich exorbitante, persönlich mir notwendige Forderung zu stellen. Sie erscheint

mir so unmöglich, daß ich zu dichten beginne. Ich merke ein leises Nachgeben im andern. Ich glühe. Ich habe nur den einen Willen, den Erfolg nach Hause zu bringen. Ich spüre überhaupt, daß ich einen Willen habe."
Siehst Du, Konrad, so etwa habe ich auch gedacht. Und dann kam Dein lapidarer Satz: ‚Lieber Herr Degens, wenn Sie meinen, der Preis ist zu hoch, für wieviel wollen wir denn das Buch verkaufen? Sind Sie mit US $ 32 zufrieden?' Meinen leisen Einwand, daß der Preis ja auf der Umschlagsecke bereits ausgedruckt sei, kontertest Du mit den Worten: ‚Dann schneiden wir die Ecke halt ab.' Lieber Konrad, könntest Du diese elegante Lösung des gordischen Verlegerknotens nicht bei allen Springerbüchern anwenden und, noch besser, sie auch anderen Verlagen, besonders im holländischen Raum, zur Nachahmung empfehlen? Ich glaube, die Universitätsbibliotheken hätten nichts dagegen einzuwenden.
Die heißen Quellen am Boden des Ozeans haben sich für Woods Hole auch als gute Finanzquellen – sprich' National Science Foundation, Navy etc. – bis heute erwiesen. Du erinnerst Dich an das Tauchboot ALVIN, welches vor einigen Jahren vor Galapagos in einer Tiefe von über 2000 m heiße Quellen entdeckt hat, die Schwermetalle ausspeien, in ihrer Umgebung Sulfidlagerstätten bilden und in ihrer unmittelbaren Nachbarschaft bisher unbekannte ökologische Gemeinschaften von 1–2 m langen Würmern, Bakterien und Muscheln zum Blühen bringen. Die ALVIN selbst war ja schon einige Jahre davor totgesagt worden, als sie bei einem Tauchmanöver mit

dem Mutterschiff LULU vom Haken riß und mit offener Klappe in die Abyssis versank. Etwa 9 Monate später hatte man sie auf dem Meeresboden in einer Tiefe von 1700 m wiedergefunden und nach oben gehievt. Die beiden Bilder sprechen für sich selbst (Abb. 1 und 2).
Wenn wir nun schon einmal bei Unterseebooten sind, so möchte ich Dir für den ‚fünften Fortunagässler' den 'Yellow Submarine' (Abb. 3) von John Lennon und Paul McCartney zur Aufnahme empfehlen. In Deinem ‚Der vierte Fortunagässler'* sagtest Du zum Geleit: ‚Möge dieses Büchlein stets zu einem gemütlichen Beisammensein beitragen – zusammen mit einem Glas Wein oder mit holder Damengesellschaft oder noch besser: mit beiden zusammen!'
Nach der Lektüre Deines Buches frage ich mich bloß: Was hat denn die holde Damengesellschaft zu Deiner Liederauswahl gesagt? Ich denke dabei besonders an: ‚Adele', ‚Gretchen' oder ‚Roll me Over' und den ‚Landsknecht' wollen wir hier gar nicht erwähnen! Am 'Hamboorger Veermaster' hat sicherlich keiner Anstoß genommen, es sei denn, mit Rum oder Whiskey (Abb. 4). Dazu eine kleine Begebenheit:

* Zürcher Singstudenten 1849–1974, Der vierte Fortunagässler. – Privatdruck, Dr. K.F. Springer, Gesamtherstellung: Universitätsdruckerei H. Stürtz AG, Würzburg 1974, pp. 121

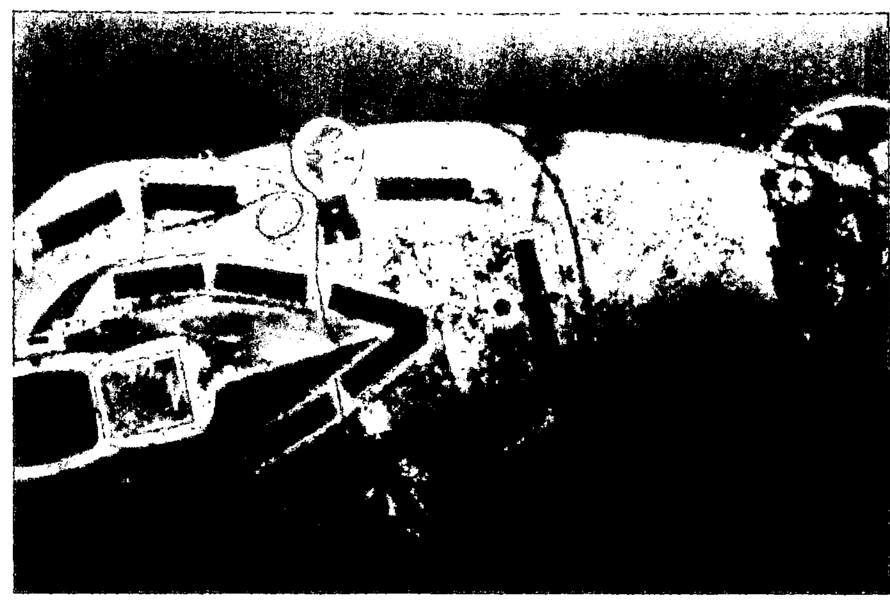

Abb. 1

Moderately Bright

In the town where I was born lived a man who sailed to sea.
And he told us of his life in the land of submarines.
So we sailed up to the sun till we found the sea of green, and we lived
beneath the waves in our yellow submarine.
We all live in a yellow submarine, yellow submarine, yellow submarine.
We all live in a yellow submarine, yellow submarine, yellow submarine.
And our friends are all on board, many more of them live next door,
and the band begins to play.
We all live in a yellow submarine, yellow submarine, yellow submarine.
We all live in a yellow submarine, yellow submarine, yellow submarine.
As we live a life of ease, ev'ryone of us has all we need. Sky of blue
and sea of green in our yellow submarine.

(John Lennon and Paul McCartney, 1966.)

Abb. 2

Abb. 1. Die ALVIN am Meeresboden in rund 1700 m Wassertiefe nach 9 Monaten unfreiwilligen Aufenthaltes. Die Luke steht weit offen und im Innern des Subs ist das Frühstücksbrot des Kapitäns sowie ein Apfel noch völlig frisch erhalten. Unser gemeinsamer biologischer Freund Holger Jannasch vom Woods Hole Oceanographic Institution hatte mit diesen Ergebnissen weltweit Aufmerksamkeit erlangt; zeigt dieser Befund doch die Sterilität des tiefen Ozeans.

Abb. 2. ALVIN, leicht lädiert, doch glücklich wieder oben.

◁ *Abb. 3.* Yellow Submarine. Das ‚moderately bright' gilt für die Noten und nicht für den Text.

126

Wir waren 1969 mit unserer AT-
LANTIS II im Schwarzen Meer auf
Forschungsfahrt. Ein amerikani-
sches Boot im russischen Haus-
meer, das schmeckte unseren sowjetischen Freunden aber gar nicht
und das mit Recht, denn einige
Monate vorher war ein Navyschiff,
die PUEBLO, als Forschungsschiff
getarnt vor Nordkorea aufgebracht
worden. Während dieser vier
Schwarzmeerwochen wurden wir
laufend von der sowjetischen Navy
mit Minensuchern, Flugzeugen und
U-Booten beobachtet. Als Chief
Scientist lud ich die Russen mehrfach mit Blinklicht zu Whiskey und
Dinner auf unsere ATLANTIS ein.
Keine Antwort. In der vierten Woche holte ich dann endlich mein
Akkordeon heraus und spielte den
'Hamboorger Veermaster' mit Ge-
sang verstärkt durch Lautsprecher.
So eine Sprache hatten die Russen
noch nie gehört. Das Schiff wen-
dete und ward nicht mehr gesehen.
Wie Du siehst, Konrad: Musik ist
immer noch die beste Waffe
(Abb. 5).
Ja, und mit Musik gehen wir Hamburger Geologen seit 10 Jahren in
das südwestliche Sauerland, dort,
wo Lenne und Ruhr entspringen
und das Ebbegebirge sich erhebt.
Jedes Jahr, vierzehn Tage, und Du,
Deine Frau und Herr Bachmann
haben uns oft dort besucht. Wir
haben viel voneinander gelernt. Die
große Springerfamilie etwas über
die Kunst des geologischen Kartie-
rens und das gezielte Suchen nach
Fossilien. Ich sehe Euch alle noch
auf dem neuen Forstweg nach Kot-
pillen hämmern, und das bei Re-
gen. Konrad, das war nicht weit
von dem schummrigen Wirtshaus
der neunzigjährigen Wirtin, das ist
die, die als junges Mädchen dem

Bearbeiter des Meßtischblatts Her-
scheid, dem Geologen Fuchs, sonn-
tags den Kaffee ans Bett brachte,
und, wie sie uns versicherte, es
blieb nicht nur bei dem Kaffee. Reminiszenzen, Reminiszenzen!
Wir Hamburger staunten über Dein
profundes Wissen der Tier- und vor
allen Dingen der Pflanzenwelt. Hinterher hatte ich oft Angst, über
eine Wiese zu gehen, und ein selte-
nes Kräuterchen unter meinem
Schuh zu begraben. Ich denke dabei auch an den Bergholunder mit
seinen furchtbar giftig drein-
schauenden glasig roten Beeren.

Hamboorger Veermaster

2. Dat Soltflesch wär grön un de Speck voller Moden,
köm gev et man nur an Winachtsaben.
3. Un wöllt wi mal sailn, ick seck dat man bloß, dann
lep ne dree for un five achterut.

4. Dat Deck wär voll Isen, voll Schiet un voll Schmer,
dat wär denn det Schietgängs größtet Pleser.
5. Und wie det Schip, so wär ock de Kapteen, de Lüt
vor dat Schip wärn ock bloß shangheit.

Abb.4 und 5

Abb. 4. Hamboorger Veermaster.

Abb. 5. Außer dem ‚Hamboorger Veermaster' habe ich noch ‚Auf der Reeperbahn
nachts um halb eins' à la Hans Albers ge-
sungen und, nicht zu vergessen, ‚Moscow
Nights'. Meine Freunde an Bord behaup-
teten hinterher: Die Russen haben's gut,
die können vor Deiner Musik noch stiften
gehen, wir hier an Bord aber müssen sie
leider erdulden.

Die kann man essen, sagtest Du, und hintergründig lächelnd aßest Du eine ganze Handvoll. Wir alle dachten, gleich fällt der Konrad vergiftet um. Als Du am nächsten Tag immer noch begeistert Trilobiten, Tentaculiten und Korallen aus dem Anstehenden meißeltest, habe ich dann auch den Bergholunder versucht. Über Geschmack läßt sich sicherlich streiten.

Über dem Lagerfeuer in Plettenberg haben wir viel über Wissenschaft diskutiert und über die Menschen, die sich mit ihr verbinden. Im stummen Zwiegespräch mit Dir, lasse ich heute diese Gedanken an mir vorüberziehen und freue mich, daß ich eine zwanzigjährige Wegstrecke mit Dir zusammen gehen durfte. Auf dieser Straße laß' uns weiterschreiten Seit' an Seit' und die alten Lieder singen... Ein herzliches Glückauf zu Deinem sechzigsten Geburtstag!

EGON T. DEGENS

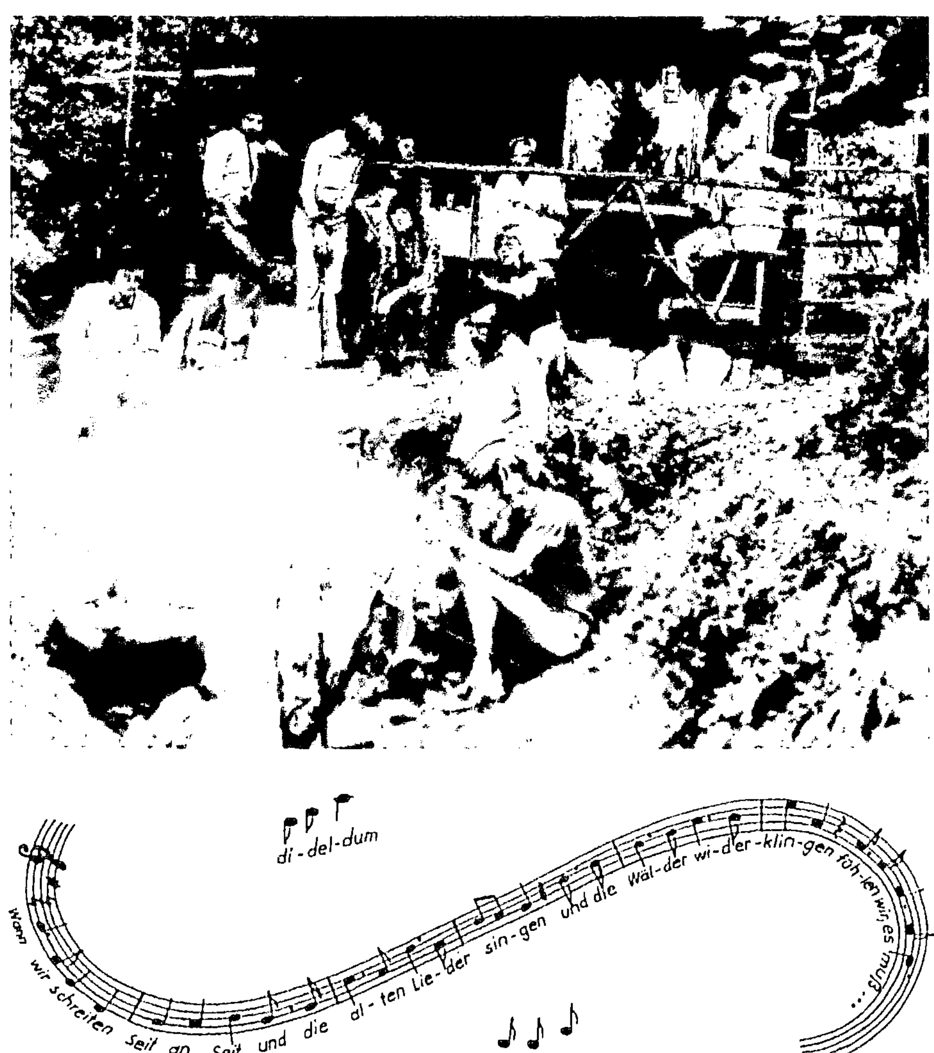

Abb. 6. Die alljährliche Abschieds-Fete unserer Plettenberg-Kartierung mit Hammel am Spieß. Du warst an diesem alljährlichen Ereignis so gut wie immer – entweder physisch oder spirituell oder beides – seit 10 Jahren dabei. Auf diesem Bild bist Du leider nur geistig anwesend: Das Bierfaß oben rechts ist eine Konrad Springer Spende.

Worte: Hermann Claudius (1878–1980)
Weise: Michael Englert (1868–1955, 1916)

Rückblick auf die Zeit meiner bisherigen Mitarbeit bei den "Contributions"

JOCHEN HOEFS

Sehr verehrter, lieber Herr Dr. Springer,

die Zusammenarbeit mit Ihnen und Ihren Mitarbeitern war in all den Jahren meiner Tätigkeit für „Contributions to Mineralogy and Petrology" gut und vertrauensvoll. Anläßlich Ihres 60. Geburtstages möchte ich Ihnen diese Zeit aus meiner Sicht in Erinnerung rufen. 1969 verließ Herr Smykatz-Kloss Göttingen, und der von uns beiden sehr geschätzte Professor Correns fragte mich, ob ich an dessen Stelle treten und die „Editorial Assistance" übernehmen wolle. Nach kurzer Bedenkzeit sagte ich zu. Herr Emig schrieb mir damals: „Wir freuen uns, Sie begrüßen zu dürfen und hoffen auf eine gute Zusammenarbeit."
Meine ersten Tätigkeiten waren eher vergleichbar denen eines Lehrlings im ersten Lehrjahr. Ich durfte nämlich nur die Manuskriptbegleitzettel ausfüllen, die Correns dann unterschrieb. Aber schon bald änderte sich das: Correns hatte ein unglaubliches Gespür für die Qualität einer Arbeit, die er schon beim Durchblättern eines Manuskriptes erkannte. Dabei ging er etwa nach folgendem Schema vor: Von welchem Institut stammt der Autor? Bei wem bedankt er sich? Wen zitiert er? Danach las er Abstract und Introduction, und dann stand meistens sein Urteil fest. Von vorne bis hinten las er einen Artikel nicht so gerne durch. Und hier konnte ich mich nützlich machen, wenn es darum ging zu prüfen, ob ein Artikel gekürzt werden könne. Schon damals war das eine sehr wichtige Frage.
In der folgenden Zeit wuchs mein Anteil bei den Redaktionsgeschäften kontinuierlich. So führte ich den Schriftverkehr mit den meisten Autoren, wobei ich so ziemlich alle Freiheiten hatte, solange Correns das Gefühl besaß, daß ich nur seinen Anweisungen folgte. Natürlich gab es auch manchmal Probleme. Ein sehr guter Freund von Correns schrieb z.B. einmal: "I am perturbed by the reason Dr. Hoefs gives for turning down this paper... I do not know of Dr. Hoefs and much less whether he is an expert." In solchen Fällen hat Correns eingegriffen und meine eingenommene Position vor den Autoren verteidigt.
Ein weiteres grundsätzliches Problem lag darin begründet, daß Correns dem Review-System sehr reserviert gegenüberstand. Er glaubte, die große Mehrheit aller Abeiten ausreichend gut selbst beurteilen zu können und überbetonte immer wieder die Gefahren, die im Review-System stecken: nämlich, daß Arbeiten abgelehnt werden können, weil sie entweder nicht mit den Ideen und Vorstellungen des Reviewers übereinstimmen oder schlimmer noch, daß der Reviewer aus eigennützigen Gründen eine Publikation verzögern oder gar verhindern möchte. Doch wurde vor allem in Amerika Kritik an der Göttinger Redaktionspolitik geübt. Das weitete

sich zu Verstimmungen im Anschluß an Correns' 80. Geburtstag aus. Der
Verlag hatte sich großzügigerweise bereit erklärt, bei der Ausgestaltung
der wissenschaftlichen Feier zu helfen. Als Sie, lieber Herr Dr. Springer,
in den Wochen nach Correns' Geburtstag vorsichtig bei ihm anfragten,
wie es denn mit einer teilweisen personellen Umgestaltung des Editorial
Board aussehe, reagierte er äußerst heftig: „Erst beteiligt sich der Verlag
an meiner Geburtstagsfeier, um mich hinterher ausbooten zu können."
Es bedurfte viel Zeit und Überredungskunst, um ihn von dieser Vorstellung abzubringen. Mitte 1974 kam es dann zu einer entscheidenden Aussprache. Ian Carmichael war aus Berkeley angereist, um mit Ihnen und
Herrn Wiebking nach Göttingen zu kommen. Am Vorabend bekam ich
von Herrn Wiebking einen Anruf, ob ich nicht zu einer Vorbesprechung
beim Bier ins Hotel kommen wolle. Trotz einiger Bedenken habe ich zugesagt. Nach anfänglichen Frotzeleien zwischen Carmichael und mir haben
wir uns auf Anhieb gut verstanden. Auch Correns war am nächsten Tag
bei der offiziellen Besprechung dem Charme von Carmichael erlegen, so
daß die personelle Umgestaltung im Editorial Board und bei den Herausgebern – Correns und Carmichael wurden gleichberechtigte „editors in
chief" – problemlos verabschiedet werden konnte. Für mich sprang der
Titel „managing editor" dabei heraus. In den nun folgenden Jahren gab
es keine Auseinandersetzung mehr über die richtige Redaktionspolitik.
Wir wendeten ebenfalls das Reviewsystem an, allerdings ohne unsere
Flexibilität aufzugeben. Das soll heißen, daß in seltenen Ausnahmefällen
auch Arbeiten zum Druck angenommen wurden, ohne vorher durch die
offizielle Begutachtungsmühle gedreht worden zu sein. Bei der Auswahl
der Gutachter haben wir darauf geachtet, daß sie möglichst nicht an
genau demselben Problem arbeiten, um Interessenkonflikte zu vermeiden.
Correns zog sich dann altersbedingt immer mehr aus der Redaktionspolitik zurück. In den beiden letzten Lebensjahren war er, wie Sie wissen,
nahezu blind. Ich habe mich bemüht, ihn „auf dem Laufenden" zu halten
und versucht, ihn an der täglichen Redaktionsarbeit teilhaben zu lassen.
Nach Correns' Tod mußte natürlich die Nachfolgefrage geklärt werden.
Aus dieser Diskussion habe ich mich bewußt herausgehalten. Möglicherweise war gerade das mit ein Grund, warum man sich auf mich als Correns' Nachfolger einigen konnte.
Wie Sie wissen, macht man sich als Herausgeber nicht nur Freunde. Mitunter schreiben enttäuschte Autoren „böse Briefe". Aus einem solchen –
zugegebenerweise besonders krassen – Beispiel möchte ich einige Sätze zitieren: "If you insist that you did understand the paper, then the action
you have taken belongs in the same category as censorship, book-burning,
and other such anti-intellectual persuits. Neither of these scenarios reflect
very well on you or on Contributions to Mineralogy and Petrology...
Since you have probably not believed a word of this letter so far, I don't
expect you do believe either that it is written without a tinge of rancour,
but only with deep disappointment that comes when truth is not given
a chance to be heard. Alexander von Humboldt would be disappointed
too that one of his Fellows was stifled by one of his own countrymen.
As we cultured scholars say in Latin, 'veritati'."

Contributions to
Mineralogy and
Petrology

Neben diesen gelegentlichen Ärgernissen gibt es aber wesentlich mehr positive und erfreuliche Erlebnisse. Auch hier möchte ich stellvertretend kurz aus einem Brief zitieren, den ich gerade in diesen Tagen erhalten habe:
"We would like to congratulate you for the choice of reviewers, who have helped to achieve a very serious and stimulating work". Zu dieser positiven Gesamtbeurteilung trägt natürlich nicht zuletzt die erfreuliche und

problemlose Zusammenarbeit mit Ihnen und Ihren Mitarbeitern bei. Ich
erinnere mich besonders gern an meine Besuche bei Ihnen persönlich in
Heidelberg.

Darf ich abschließend die Frage nach der zukünftigen Entwicklung der
Zeitschrift stellen? In den letzten Jahren hat sich gezeigt, daß es immer
attraktiver für Autoren wird, in den Contributions zu veröffentlichen. Das
führt zu einer wahren Flut von Manuskripten, was einerseits ganz erfreulich ist, zum anderen aber schwer lösbare Probleme mit sich bringt. Die
jetzige Ablehnungsrate läßt sich nicht mehr beliebig erhöhen. Andernfalls
wäre eine objektive und gerechte Beurteilung von Manuskripten seitens
der Herausgeber nicht mehr gewährleistet. Das Volumen der Zeitschrift
kann auch nicht bedenkenlos erhöht werden. Wir wissen alle um die weltweit schwierige finanzielle Situation der Bibliotheken. Es kommen also
nicht nur auf die Herausgeber, sondern auch auf den Verlag erhöhte Anforderungen zu. Dies sollte bei der sich abzeichnenden Erhöhung der
Bandzahl unbedingt berücksichtigt werden. Von den wichtigen Zeitschriften auf dem Gebiet Petrologie-Geochemie ist Contributions die bei weitem
teuerste.

Bei der Auswahl zukünftiger neuer Mitglieder des Editorial Board kommt
es darauf an, die „richtigen" zu finden: neben ihrer fachlichen Kompetenz
sollten sie auch ein gewisses Maß an Toleranz und Großzügigkeit mitbrin-
gen. Ein alter Correns'scher Wahlspruch sollte die herausgeberischen Entscheidungen bestimmen: Nicht der Reviewer und nicht der Herausgeber,
sondern letzlich der Autor ist verantwortlich für den Inhalt seiner Arbeit.
In diesem Sinne möchte ich Ihnen, lieber Herr Dr. Springer, herzlich zum
Geburtstag gratulieren und Ihnen alles Gute wünschen.

JOCHEN HOEFS

Gedanken zur geochemischen Literatur

K.H. WEDEPOHL

Von den Schöpfungsmythen bis zum Beginn der geologischen Wissenschaften vor zwei Jahrhunderten hat es nicht an Erklärungsversuchen für die Entstehung der natürlichen Bausteine unserer Welt gefehlt. Einschlägige Beobachtungen und Erkenntnisse einiger großer Geister wie Aristoteles, Plinius und Agricola sind uns in Fragmenten ihrer Schriften oder in ihren Büchern überliefert. Schon in dieser Vorphase systematischer Naturwissenschaft gab es das Wechselspiel zwischen Wissensdrang und Wunsch nach Nutzanwendung. Georgius Agricola (1494–1555), ein Mensch der ausgehenden Renaissance und Vater der lagerstättenkundlichen und technologischen Literatur sah im Bergbau „keine schmutzig Tätigkeit", der man allein des Geschäftes willen nachgeht. Er erklärte: „Der Bergmann muß in seiner Kunst die größte Erfahrung besitzen, so daß er erstlich weiß, welcher Berg oder Hügel, welche Stelle im Tal oder Feld nutzbringend beschürft werden könne, oder ob er auf die Schürfung verzichten muß. Sodann müssen die Erzgänge, die Klüfte und die Verwerfungen des Gesteins ihm bekannt sein. Bald muß er die vielfachen und mannigfachen Arten der Erden, der Lösungen, der Edelsteine, der gewöhnlichen Steine, des Marmors, der Felsen, der Erze und ihrer Mischungen und sodann die Art und Weise erkennen, wie jedes Werk unter der Erde zu vollbringen sei."

Im Band 121 des Jahres 1838 von Poggendorffs Annalen der Physik und Chemie führte Christian Friedrich Schönbein den Begriff „Geochemie" für einen zu etablierenden Wissenschaftszweig ein, der nach seinen Vorstellungen die Erfahrungen aus dem chemischen Laboratorium zum Verständnis der „Genesis unseres Planeten" nutzen sollte. In der ersten Hälfte des vergangenen Jahrhunderts war man jedoch noch nicht in der Lage, die häufigsten Minerale im Labor in Annäherung an die natürlichen Bildungsbedingungen herzustellen. Die Geochemie hat sich zunächst mit einem anderen Ansatz konstituiert. Frank Wigglesworth Clarke (1847–1931) legte eine umfassende Sammlung analytischer Daten von gesteinsbildenden Mineralen und häufigen Gesteinen, von Gewässern, Atmosphäre, vulkanischen Gasen, Verwitterungsprodukten, Erzen, Öl und Kohle an, aus denen auf die chemische Zusammensetzung ganzer Gesteinsverbände, des Meerwassers und des Flußwassers, ja der kontinentalen Erdkruste geschlossen werden konnte. Einige Jahrzehnte vor der ersten Auflage seines „Data of Geochemistry" genannten Werkes hatten Robert Bunsen (1811–1899) und Gustav Kirchhoff (1824–1887) in Heidelberg die Spektralanalyse entwickelt und dadurch den Arbeitsbereich der analytischen Chemie zu niedrigen Konzentrationen erweitert. Jetzt wurde

Abb. 1. Rechteckiger Probierofen nach Georgius Agricola (1494–1555)

auch die Verteilung einiger seltener Elemente in den Bestandteilen der Erdkruste erfaßbar.

Wichtige Entdeckungen schufen um die Wende vom 19. zum 20. Jahrhundert Grundlagen für eine experimentelle Erkundung der Entstehung der Gesteine und des Aufbaus der Erde. Um diese Zeit wurde die natürliche Radioaktivität durch Marie Curie (1867–1934) und die Beugung von Röntgenstrahlen am Kristallgitter durch Max von Laue (1879–1960) gefunden. Auf den Gesetzmäßigkeiten des Zerfalls radioaktiver Isotope beruht die Möglichkeit, das absolute Alter von Mineralen und Gesteinen zu bestimmen. Charakteristische Interferenzen von Röntgenstrahlen, die aus der Wechselwirkung mit geometrisch geordneten Ionen und Atomen im Kristall entstehen, lassen die räumliche Anordnung dieser elementaren Kristallbausteine und ihre gegenseitige Bindung ermitteln. Aus der Interferenz an kristallisierter Materie wurde auch die Röntgenbeugungsanalyse von feinkörnigen Proben und die Röntgenspektrometrie entwickelt. Die Methode der Röntgenbeugung (Diffraktion) erlaubte z.B. die erstmalige Identifizierung der Minerale von sehr feinkörnigen Gesteinen wie den Tonen. Mit der Röntgenspektrometrie wurden die beiden noch bis zu den 20er Jahren unbekannten Elemente Hafnium und Rhenium gefunden und werden heute in den gesteinsanalytischen Laboratorien vieler Länder die chemischen Hauptkomponenten und zahlreiche Nebenbestandteile bestimmt.

Die Untersuchung der Gesetzmäßigkeiten in der Abscheidung von Salzmineralen aus dem Meerwasser durch Jacobus Hendricus van't Hoff (1852–1911) regte um die Jahrhundertwende dazu an, in den Mineralassoziationen der Gesteine erreichte oder angestrebte chemische Gleichgewichtszustände zu sehen. Derartige Gleichgewichte hängen von der chemischen Zusammensetzung des Ausgangsmaterials, von der Temperatur und vom Druck ab. Die entsprechenden experimentellen Untersuchungen sind für silikatische Minerale und Gesteine wegen der hohen Schmelz- und Reaktionstemperaturen ungleich schwieriger als für Salzminerale. Sie wurden durch Norman L. Bowen (1887–1956) in Washington (D.C.) um 1910 begonnen und bereits 1928 in dem bis heute wegweisenden Buch „The Evolution of the Igneous Rocks" (Princeton University Press) zusammengefaßt.

Der Beginn der röntgenographischen Kristallstruktur-Analyse wichtiger Minerale, z.B. durch W.H. und W.L. Bragg, sowie die physikalisch-chemische Erschließung des Schmelzverhaltens häufiger magmatischer Gesteine kennzeichnen den Stand der experimentellen geowissenschaftlichen Forschung am Ende des ersten Viertels unseres Jahrhunderts. Zu diesem Zeitpunkt begann die entscheidende Entwicklung der Geochemie durch die Tätigkeit von Viktor Moritz Goldschmidt (1888–1947). Sein Konzept diente der Einbeziehung aller natürlich vorkommenden chemischen Elemente in Überlegungen über die Stoffkreisläufe durch die festen Bestandteile des äußeren Erdkörpers. Transportmedien sind hierbei die

Magmen, die Gewässer und die Atmosphäre. Er versuchte, auch den Aufbau des gesamten Erdkörpers zu ermitteln und benutzte dazu die schon von A. Boisse 1850 geäußerte Vorstellung, daß die größten Volumina unseres Planeten der kosmischen Materie von chondritischen Steinmeteoriten und von Eisenmeteoriten gleichen. Goldschmidt erklärte die Verteilung der Elemente auf die großen Baueinheiten des Planeten durch die spezifische Affinität von metallischem Eisen, von Eisensulfid und von häufigen Silikaten. Die chemische Differenzierung der weitgehend silikatischen Materie im äußeren Erdkörper geschieht über Schmelzen und Lösungen. Bei dieser Umverteilung folgen die selteneren den häufigen chemischen Elementen je nach Größe und Bindungstendenz der Ionen und Atome in den Mineralen. Goldschmidt entwickelte seine Vorstellungen über die fundamentale Bedeutung der Ionengröße und -ladung für Bildung und Eigenschaften der Kristalle in den 20er Jahren in Oslo. Dazu benutzte er die derzeit aus Kristallstrukturen von einfachen Oxiden und Fluoriden errechneten Größenverhältnisse von Metallionen zu den sie räumlich umgebenden Sauerstoff- bzw. Fluorionen. Nachdem J.A. Wasastjerna 1923 aus der Ionenrefraktion den Radius des Sauerstoff- und Fluorions gemessen hatte, ließen sich die absoluten Größen vieler Kationen ermitteln oder voraussagen. Mit diesem Schritt hat Goldschmidt die moderne Kristallchemie begründet. Die sich in rascher Folge einstellenden Ergebnisse aus jeweils neuen Kristallstruktur-Be-

stimmungen faßte er seit 1921 unter
dem Titel „Geochemische Vertei-
lungsgesetze der Elemente" in den
Veröffentlichungen der Norwe-
gischen Akademie der Wissenschaften zusammen. 1929 ging Goldschmidt nach Göttingen, baute dort
in der ehemaligen Oberrealschule in
der Lotzestraße ein neues experi-
mentelles Institut auf und hatte in
kurzer Zeit eine große Gruppe von
Mitarbeitern und auswärtigen Gä-
sten um sich. Die bisher gefunde-
nen kristallchemischen Gesetzmäßigkeiten sollten durch Erfahrung
über die natürliche Verteilung von
mehr als 25 seltenen Elementen gestützt und erweitert werden. Für
die meisten dieser Elemente, wie
z.B. Scandium, Beryllium, Germa-
nium, mußten zunächst analytische
Methoden entwickelt werden, die
eine Konzentrationsbestimmung
von weniger als einem tausendstel
Prozent in Gesteinen, Gewässern
und organischer Substanz erlaub-
ten. Reinhold Mannkopff und Cle-
mens Peters verbesserten damals
am Göttinger Institut die für die
Spektralanalyse dieser niedrigen
Gehalte notwendige Verdampfung
und Anregung von Proben im
Plasma eines Gleichstrom-Kohlebo-
gens. Die in Gesteinen sehr seltenen
Edelmetalle mußten vor der Spektralanalyse angereichert werden.
Die anderen Ortes bereits erprobte
Röntgenspektralanalyse wurde für
eine besonders schwierige Element-
gruppe übernommen. Mit ihr bestimmte Goldschmidts Mitarbeiter
E. Minami zum ersten Male die
Seltenen Erden in Gesteinen. Um
mit einer kleinen Probenzahl einen
Überblick über deren globale Verteilung zu bekommen, wurden diese

Abb. 2. Victor Moritz Goldschmidt am
6.9.1935 vor seiner Abreise von Göttingen nach Oslo

Elemente in drei Mischungen von
Tonschiefern als häufigen Verwitterungsprodukten der Erdkruste er-
mittelt. Wenn man die vielen in nur
4 Jahren erarbeiteten und vorwiegend in den „Nachrichten der Gesellschaft der Wissenschaften zu
Göttingen" erschienenen Publikationen liest, spürt man den Einfalls-
reichtum und die Produktivität
eines außergewöhnlichen Wissenschaftlers. Die politische Konstella-
tion in Deutschland hat diese wie
auch andere geistige Entwicklungen
abrupt abgeschnitten. Photos vom
6. September 1935 zeigen Viktor
Moritz Goldschmidt und seinen
Vater beim Abschied vom Kreis
seiner Freunde und Kollegen auf
dem Göttinger Bahnhof. Sein
Rückweg nach Oslo war mehr als
eine kurzzeitige Unterbrechung der
mannigfaltigen analytischen Untersuchungen, die zur modernen

Orientierung der Geochemie geführt haben. Dieser neue Zweig der
Erdwissenschaften hat sich für ein
Jahrzehnt zur Sichtung und Formulierung des Erreichten in das
„skandinavische Exil" zurückgezo-
gen. Der Zweite Weltkrieg absor-
bierte die Tätigkeit von chemisch
orientierten Geowissenschaftlern
mit Überlegungen zur Rohstoff-
Versorgung, so daß auch auf diese
Weise die Entwicklung der Geochemie unterbrochen wurde.
Aus der Umgebung des erwähnten
„skandinavischen Exils" kam nach
Beendigung des Zweiten Weltkrie-
ges das erste umfassende Buch über
die Geochemie. Die beiden fin-
nischen Wissenschaftler K. Rankama und T.G. Sahama veröffent-
lichten ihren Band „Geochemistry"
1949 in der University of Chicago
Press. In diesem Buch folgte auf
allgemeinere Kapitel über Meteo-
rite, Eigenschaften der chemischen
Elemente und den Erdaufbau ein
Hauptteil nach dem von Goldschmidt eingeschlagenen Weg, den
natürlichen Stoffkreislauf für jedes
Element gesondert zu betrachten.
Goldschmidts eigenes Vorhaben,
ein zusammenfassendes Buch über
die Geochemie zu schreiben, ist uns
aus den von A. Muir gesammelten
und ergänzten Fragmenten und
Aufzeichnungen bekannt, die 1954
unter dem Namen „Geochemistry"
in der Oxford University Press erschienen sind.
Daß die Geochemie in den 40 Jahren nach Kriegsende eine außerge-
wöhnliche Entwicklung und Verbreitung erlebte, lag an der Tragfä-
higkeit des Goldschmidtschen Kon-
zeptes und der technischen Verbes-
serung der Instrumente. Die analy-

tischen Großgeräte waren und sind vorwiegend Spektrometer. Diese wurden durch Stabilisierung der Anregung von optischen und Röntgenspektren auf bessere Reproduzierbarkeit der Ergebnisse eingerichtet. Die Entwicklung der elektronischen Verstärkung von Signalen erlaubte die Erfassung immer niedrigerer Konzentrationen. Parallel wurden auch die Massenspektrometer verbessert, die zur spezifischen Häufigkeitsmessung radioaktiver und radiogener Isotope dienen. Hierdurch etablierten sich Labors für die absolute Altersbestimmung von Mineralen und Gesteinen als Zweig der Geochemie. Ein weiteres Arbeitsgebiet für die Rekonstruktion geologischer Vorgänge entstand aus der Beobachtung von Fraktionierung leichter stabiler Isotope in natürlichen Prozessen. Harold C. Urey hatte 1932 den „schweren" Wasserstoff Deuterium entdeckt. Ähnlich wie der Deuteriumgehalt im Wasser von dessen Beteiligung an Verdunstung, Gefrieren und chemischen Reaktionen abhängt, ist auch die Isotopenzusammensetzung des natürlichen Kohlenstoffs, Sauerstoffs, Stickstoffs, Schwefels usw. ein Indikator durchlaufener Prozesse. Bisher ist der Teil geowissenschaftlicher Forschung besonders erwähnt worden, der mittels Analyse von Stoffen die Vorgänge im äußeren Erdkörper zu erfassen sucht. Eine weitere Fragestellung gilt den Bedingungen von Druck, Temperatur usw., unter denen die natürlichen Prozesse des Stoffaustausches stattfinden. Diese müssen im Labor rekonstruiert

werden. Die Entwicklung neuer Werkstoffe mit großer Beständigkeit bei hohen Drucken und Temperaturen hat die Möglichkeiten zur Simulation der Gesteinsbildung auf die Bedingungen immer größerer Erdtiefe erweitert. Der in den vorigen Abschnitten gegebene Überblick über den technisch bedingten Wandel der experimentellen Methoden ist notwendig, um die Entwicklung der Geochemie und ihrer Literatur zu verstehen. Kurz nach Kriegsende wurde die erste internationale Zeitschrift für die Arbeitsgebiete Geochemie und Kosmochemie etabliert (1950). In den 60er Jahren folgten ihr weitere. Wegen der engen Verflechtung mit Petrologie, Mineralogie und Geophysik wird ein Teil der geochemischen Forschungsergebnisse in Zeitschriften dieser Arbeitsrichtungen publiziert. Die kurz nach der Mitte unseres Jahrhunderts erfolgte Gründung zahlreicher Periodika für experimentelle Geowissenschaften spiegelt die sachliche und personelle Expansion der genannten Fächer wider. Einer solchen Expansion muß in gebührendem Abstand das Wachstum jener Literatur folgen, die den Stand des Wissens zusammenfaßt. Hierfür sind Monographien und Handbücher die geeigneten Instrumente. Wenn sich ein Baum wie die Geochemie rasch verzweigt, ist natürlich nicht gewährleistet, daß der Stamm vor lauter Zweigen immer sichtbar bleibt. Im Zusammenhang mit diesem Bild muß man die Versuche der letzten 20 Jahre sehen, wesentliche Erkenntnisse des Gesamtgebietes der Geochemie in Lehr- und Handbüchern zusammenzufassen. Ich möchte das am selbst erlebten Beispiel erklären.

Zu einem Gespräch über die verlegerischen und wissenschaftlichen Möglichkeiten für die Herausgabe eines Handbuches der Geochemie kam es anläßlich eines Besuches der Herren Götze und Springer in Göttingen am 10. Oktober 1963. Die 2. Auflage von Carl W. Correns' „Einführung in die Mineralogie" war in Arbeit. Am Rande der Diskussion über ihr Erscheinen wurde ich um meine Ansichten zur geochemischen Literatur gebeten. Ich war damals überzeugt, daß mehr als 15 Jahre nach dem Standardwerk von Rankama und Sahama nur ein Handbuch die Fülle der Daten und Informationen zusammenfassen konnte, mit denen der Stoffbestand der Erde charakterisiert und erklärt wird. Nach meiner Übersicht über die auszuwertende Literatur ließ sich diese Aufgabe in einem übersehbaren Zeitabschnitt nicht mehr von einer kleinen Gruppe von Autoren bewältigen. Die Begrenzung der Herstellungszeit auf etwa 10 Jahre war mit der Forderung verbunden, in allen Teilen des Werkes einen aktuellen Informationsstand zu bieten. Um 1960 hatten mir geochemische Untersuchungen an Tiefseetonen gezeigt, daß zur genetischen Diskussion eines größeren geologischen Körpers neben den eigenen analytischen Daten auch solche aus der Literatur benötigt werden. Wenn es galt, die Zuverlässigkeit von Konzentrationswerten aus der Literatur zu beurteilen, konnte nur die eigene analytische Erfahrung bei den zur Diskussion notwendigen Elementen weiterhelfen. Heute gibt es objektivere Maßstäbe für die Richtigkeit und Reproduzierbarkeit analytischer Werte.

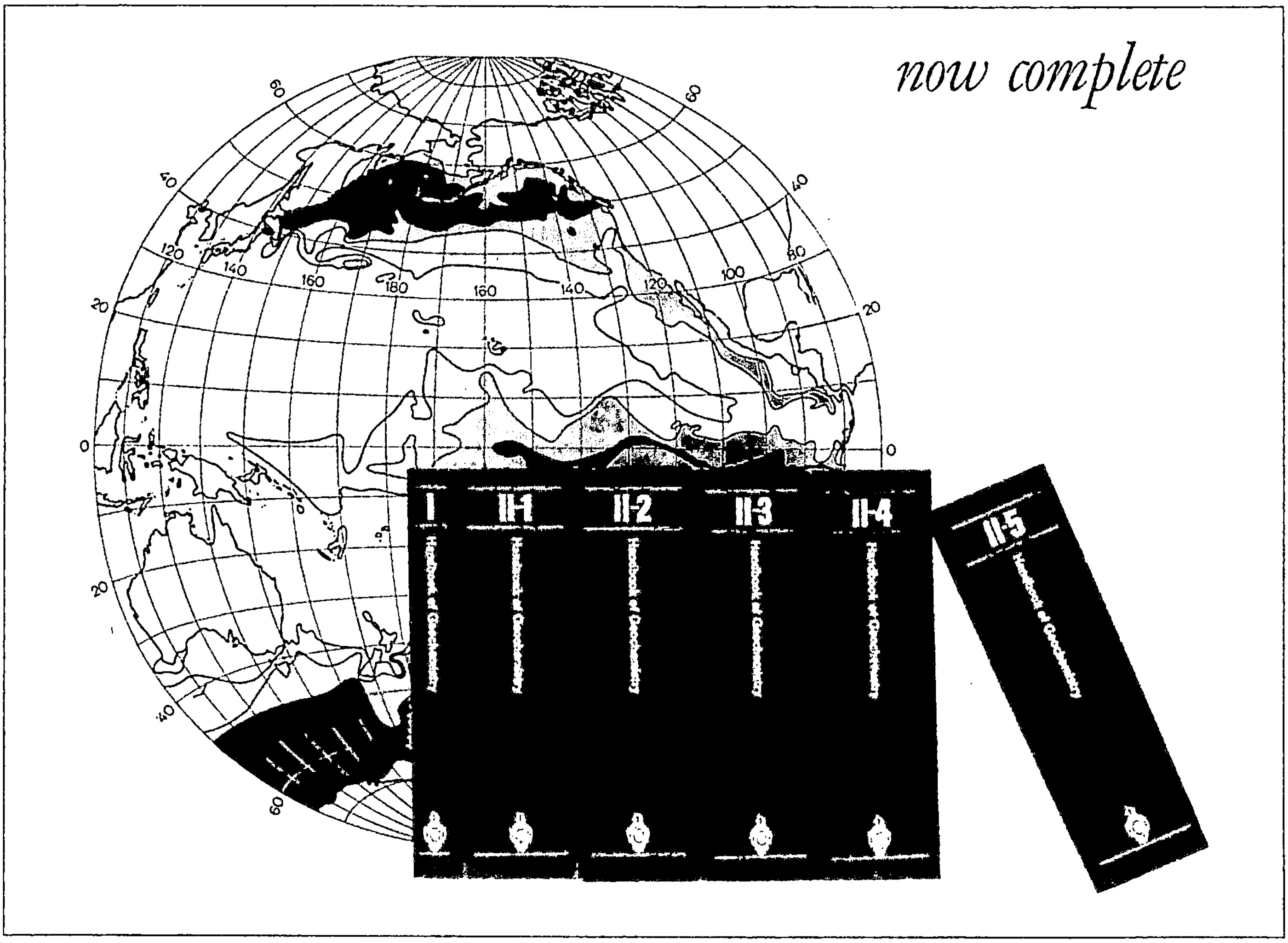

Die Gliederung eines Handbuches der Geochemie sollte ein leicht erinnerbares Prinzip wie die Folge der Ordnungszahlen der chemischen Elemente nach ihrem Atomaufbau nutzen. Zur weiteren Unterteilung boten sich genetisch einheitliche Bestandteile des Erdkörpers

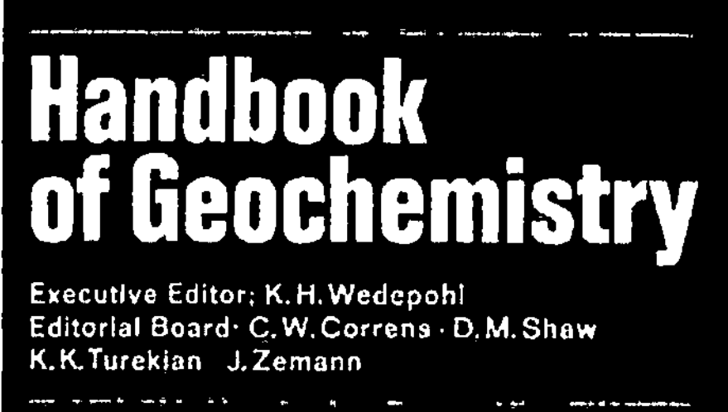

und des erdnahen Kosmos an. Die kleinsten Einheiten sind hier die durch ihre Kristallstruktur und Zusammensetzung charakterisierten Minerale und die Gesteine, die in einer bestimmten Mineralassoziation einen genetischen Zustand irdischer und kosmischer Materie repräsentieren. Einheiten globalen Ausmaßes sind die Gewässer, die Atmosphäre und die lebende Materie, aber auch extraterrestrische Körper wie die Planeten und Asteroiden.

Mein Konzept eines auf etwa 2000 Seiten Umfang geschätzten und von mehreren international ausgewiesenen Geochemikern herausgegebenen „Handbook of Geochemistry" fand an der Wende der Jahre 1963/64 im Hause Springer wohlwollende Resonanz. Die ersten Verhandlungen um die organisatorische und vertragliche Etablierung des Vorhabens führte Herr Dr. Heinz Götze. Diese Betreuung – im wahrsten Sinne des Wortes – übernahm dann später Herr Dr. Konrad Springer, der 1963 als Teilhaber in den Verlag eingetreten war. Der Start in eine sehr umfangreiche

137

Aufgabe wurde durch das Verständnis, die Großzügigkeit und die Sachkompetenz der vom Verlag bereitgestellten Mitarbeiter erheblich erleichtert. Selbst der Plan, den Hauptteil des Handbuches unkonventionell auf losen Blättern zu drucken, brachte keine Schwierigkeiten. Es war einsehbar, daß die zahlreichen Autoren ihre Manuskripte nicht in der Folge abliefern würden, die die Gliederung des Buches verlangte. Glücklicherweise können am Anfang einer solch umfassenden literarischen Aufgabe weder Herausgeber noch Autoren übersehen, welche große Mühe im Detail und der Alltagsarbeit für ein mehrbändiges wissenschaftliches Werk steckt.

Das Jahr 1964 wurde benötigt, die Mitherausgeber zu gewinnen, das Gliederungs- und Herausgabekonzept ihren Vorstellungen anzupassen und potentielle Autoren auszusuchen. Das Auswahlprinzip für die Autoren sah eine Kombination der folgenden Bedingungen vor: einschlägige analytische und geochemische Erfahrung, Bereitschaft zur zeitlichen und sachlichen Einpassung in ein vorgegebenes Konzept, Objektivität in der Beurteilung eigener und fremder Daten und Fakten, Sorgfalt in der Erfassung der wichtigen Literatur und in der konzentrierten Darstellung des Stoffes. In den folgenden Jahren sollte sich immer wieder zeigen, daß diese in ihrer Kombination keine ganz einfach zu erfüllenden Bedingungen sind. Die Herausgeber wollten keine Datenverarbeitungsmaschinen, sondern qualifizierte und spezialisierte Wissenschaftler mit all ihren Stärken (und Schwächen) engagieren.

Anfang 1965 hatten die fünf Herausgeber ihre Verträge unterschrieben; es waren: Carl W. Correns (Göttingen), Denis M. Shaw (Hamilton, Canada), Karl K. Turekian (New Haven, USA), K. Hans Wedepohl (Göttingen) und Josef Zemann (Göttingen/Wien). An dieser Stelle sollte der maßgebliche Anteil von Denis Shaw und Josef Zemann an der Herausgabe erwähnt werden. Denis Shaw hatte einen kürzeren Draht zu vielen der nordamerikanischen Autoren und Josef Zemann betreute nahezu alle Unterabschnitte „Kristallchemie" für die 60 Elemente (bzw. Elementgruppen), die als einzelne Kapitel den Hauptteil (Vol. II) des „Handbook of Geochemistry" bilden. Im Oktober 1965 traf bereits das erste Manuskript ein. Es enthielt alle Teilabschnitte für das in der Erdkruste seltene Element Rhenium, für dessen geochemische Charakterisierung damals noch nicht sehr viele analytische Daten verfügbar waren. Die Autoren dieses Kapitels mußten vier Jahre bis zum Erscheinen ihres Beitrages vertröstet werden. Natürlich konnte der Verlag trotz des Druckes loser Blätter jeweils nur eine Reihe von Manuskripten sammeln und zu einer Lieferung zusammenstellen. 1969 erschien der gebundene Einführungsband (Vol. I) und die erste Serie von Kapiteln des Hauptbandes (Be, C, O, As, Sn, Sb usw.). Die Kapitel über die genannten Elemente stehen in keinem inneren Zusammenhang, sondern sind Beiträge von Autoren, die unter günstigen Umständen ihre Aufgabe früh abgeschlossen haben. In den Jahren 1970, 1972, 1974 und 1978 folgten die vier weiteren Lieferungen von Teil II des Handbuches. Die kürzeren Abstände zwischen

den Erscheinungsjahren der vier ersten Lieferungen waren eine Folge der inzwischen gesammelten Erfahrung und vieler Mahnbriefe an die Autoren. Fräulein B. Billing übernahm ihre Aufgabe als liebenswürdige aber nicht zu überhörende Mahnerin, wenn der Einfluß der Herausgeber auf die Autoren nicht mehr ausreichte. Unser eigener Antreiber war die Gewißheit, daß der Wert des Werkes mit jedem Jahr der Verspätung des Abschlusses sinken würde. Die analytischen Methoden entwickelten sich damals schnell. Ebenso änderte sich auch die Aktualität bestimmter Forschungsrichtungen. Die Vergleichbarkeit von Methoden für Informationen in Kapiteln der ersten Lieferung mit denen der letzten Lieferung mußte möglichst erhalten bleiben. Die Datenqualität läßt sich häufig schon nach der analytischen Methode beurteilen. Deshalb haben wir Symbole für die Methodengruppen eingeführt und jedem analytischen Wert beigegeben. Hauptaufgabe des Handbuches sollte es sein, zuverlässige Daten für die Diskussion der Genese von Gesteinskomplexen, der Wechselwirkung zwischen Gesteinen, Gewässern und Atmosphäre und der Charakterisierung der Erde als Planet bereitzustellen.

Der zunächst auf 2000 Seiten geschätzte Umfang des Hauptteiles des Handbuches wuchs mit der letzten Lieferung auf 4400 Seiten. 17500 Publikationen sind zur Anfertigung von rund 1500 Tabellen, 1000 Diagrammen und verbindendem Text von 107 Autoren benutzt worden. Solche Zahlen können nur zeigen, wie aufwendig eine derartige Darstellung des Wissensstandes ist.

Sie sagen nichts über den Nutzen
des Werkes aus oder die Zeit, in
der es seinen Informationswert be-
hält. Im Verlaufe der Herausgabe
wurde es immer schwerer, erfahrene
Bearbeiter zu gewinnen. Zur Zeit
des Erscheinens der ersten Lieferung begann mit der Mondlandung
von Apollo 11 die Erforschung
einer zusätzlichen Gruppe kosmischer Gesteine, die in den folgenden Jahren in Abschnitt C von
Teil II des Handbuches berücksichtigt wurden (Abundance in Cos-
mos, Meteorites, Tektites and Lu-
nar Materials). Neue, auf der
Grundlage der Plattentektonik kon-
zipierte Modelle für die Magmenge-
nese und das Kontinentwachstum
veranlaßten zahlreiche Geochemi-
ker, sich an den großen internationalen Gemeinschaftsprogrammen
zur Erforschung des oberen Erd-
mantels oder der Ozeankruste zu
beteiligen. In Nordamerika ist das
Ansehen eines Wissenschaftlers
stärker von seinem Engagement in
aktuellen Forschungsprogrammen
abhängig, für die in relativ kurzen
Zeitabschnitten beachtenswerte Ergebnisse erarbeitet werden müssen.

Im bedächtigeren Europa lassen
sich Autoren für langfristige litera-
rische Aufgaben leichter gewinnen.
Wir mochten aber nicht auf die
Mitarbeit aus dem an Anregungen
und Innovationen reichen Nordamerika verzichten. Schließlich
wurde ein Gleichgewicht an Beiträgen von beiden Kontinenten erreicht.
In den 7 Jahren seit Abschluß des
Handbuches hat sich die Geochemie intensiv im Sinne des weitver-
zweigten Baumes entwickelt. Ihre
Ziele liegen mehr denn je in der Erklärung von Prozessen globalen
Ausmaßes. In den 20 Jahren nach
Etablierung der Plattentheorie hat
dieses Konzept zur gründlichen
Umgestaltung unseres geologischen
Weltbildes geführt und viele bekannte aber rätselhafte Eigenschaften des Erdkörpers und Ereignisse
der Erdgeschichte erklärt. Der Aus-
blick in den erdnahen Kosmos
führte über die Untersuchung me-
teoritischer und lunarer Materie zu
neuen Einblicken in den potentiellen Stoffbestand unseres Planeten
und zu spekulativen Vorstellungen
über seine frühe Geschichte. Der
methodische Fortschritt hat sich in

den letzten Jahren auf die Geochemie der Isotope und auf die Analyse der in Mineralassoziationen
eingefrorenen chemischen Gleichgewichte konzentriert, die Auskunft
über die Vorgeschichte von Gesteins-
verbänden geben können.
Die qualitative und quantitative
Expansion der Geochemie, deren
Ergebnisse sich breitgestreut in den
geowissenschaftlichen Zeitschriften
verlieren, verlangt nach einer sou-
veränen Zusammenschau von Teil-
bereichen. Weder Handbücher noch
Datenspeicherung sind geeignete
Mittel, den Überblick über wesentliche Richtungen geochemischer
Forschung zu vermitteln. Auch die
Berichte von noch so geistreichen
und mit neuen Erkenntnissen bela-
denen Symposien dienen nur be-
grenzt der Darstellung des Fort-
schrittes. Die Suche nach guten Autoren mit einem soliden Überblick
und mit Muße zum Nachdenken
bleibt unseren guten Verlegern auch
in Zukunft nicht erspart.

K.H. Wedepohl

Die Mineraliensammlung
von Dr. Konrad Ferdinand Springer

Olaf Medenbach

Eine wesentliche Seite der Persönlichkeit des Naturwissenschaftlers und Biologen Dr. Konrad Ferdinand Springer ist seine Liebe nicht nur zur belebten Natur, sondern auch in besonderem Maße zu den Mineralien. Die Exponate, die sein Büro und auch seine private Sphäre schmücken, legen ein unübersehbares Zeugnis der jahrzehntealten Sammelleidenschaft schöner und interessanter Steine ab. Diese Leidenschaft begann bereits in frühester Jugend in der Schweiz, seiner zweiten Wahlheimat, einem Land, in dem man mit dem Werden und Vergehen der Gesteine und der Bildung der Mineralien unmittelbar konfrontiert wird. Schon damals gehörte seine besondere Liebe den alpinen Zerrkluftmineralien, die er bereits als Schüler auf seinen Alpenwanderungen sammelte und durch Zukauf ergänzte. Darüber hinaus nutzte er auch seinen Urlaub und seine vielen berufsbedingten Reisen, sich nach schönen Stücken umzusehen. So sind zum Beispiel Mineralien von Elba, einem seiner bevorzugten Ferienziele, in besonderer Pracht und Qualität vertreten. Bedingt durch die lange und intensive Sammeltätigkeit lesen sich die Sammlungsetiketten wie eine Weltkarte, und der Glanz berühmter und zum Teil längst nicht mehr existierender Mineralienkontore lebt auf.

Die Sammlung von Dr. Konrad Ferdinand Springer ist heute in einem eigenen Raum mit mehreren Standvitrinen und Schränken ausgestellt. Die Auswahl und Ordnung der Stücke in den Vitrinen folgt ausschließlich ästhetischen Gesichtspunkten, während der systematische Teil nach dem kristallchemischen Prinzip des berühmten Professor Hugo Strunz, Emeritus am Mineralogischen Institut der Technischen Universität Berlin und Freund Konrad Ferdinand Springers angelegt wurde. Die Sammlung war bereits vor mehr als einem Jahrzehnt von außerordentlicher Qualität und ist seither durch den Erwerb weiterer ganz hervorragender Stücke zu einer der beeindruckendsten deutschen Privatsammlungen geworden. Ich hatte das große Vergnügen, während meines Studienaufenthaltes in Heidelberg von 1971 bis 1976 intensiv in dieser großartigen Kollektion wirken zu dürfen. In monatelanger Arbeit wurden die einzelnen Mineralien gemeinsam gereinigt, numeriert, katalogisiert und schließlich in den Vitrinen ins rechte Licht gerückt. Jede dieser Stunden ist mir noch in angenehmer Erinnerung, waren sie doch ausgefüllt von den lebhaften Erzählungen von den Fundumstän-

den einer besonderen Stufe, deren Erwerb oder zahlreichen anderen interessanten Erlebnissen. Es war dabei besonders sympathisch und bezeichnend für Konrad Ferdinand Springer, daß er nie den materiellen Wert eines Minerals in den Vordergrund stellte, sondern daß für ihn seine persönliche Beziehung das Maß für die Bedeutung eines Stückes war. Gar manches unscheinbare Stück, das dem uninformierten Betrachter zunächst als fehl am Platz erscheint, erhält durch die Schilderung seiner Fundgeschichte neuen Glanz und die Berechtigung, neben anderen musealen Raritäten stehen zu dürfen. Und es sind nicht wenige und zum Teil auch sehr schöne Stücke, die er bereits als Schüler oder Jugendlicher selbst „geklopft" hat.

Besonders auffallend ist das für einen Nichtmineralogen erstaunlich fundierte Fachwissen von Konrad Ferdinand Springer und die hervorragende Sachkenntnis, die er sich in seiner jahrzehntelangen Beschäftigung mit der Materie angeeignet hat. Es zeigt, daß nicht nur der vordergründige ästhetische Reiz der vielgestaltigen und farbenprächtigen Kristalle für ihn von alleiniger Bedeutung ist, sondern daß ihn darüber hinaus die Verbundenheit mit der Natur und sein Wissensdurst um deren tiefe innere Gesetzmäßigkeiten zur Mineralogie geführt haben.

Die folgende, aus Platzgründen nur knappe Aufzählung einiger Stücke kann natürlich keine Darstellung der gesamten Sammlung sein, zumal sie stark vom persönlichen Geschmack und der Auswahl des Autors abhängt, sie kann aber vielleicht einen Eindruck der Qualität und Vielfalt vermitteln.

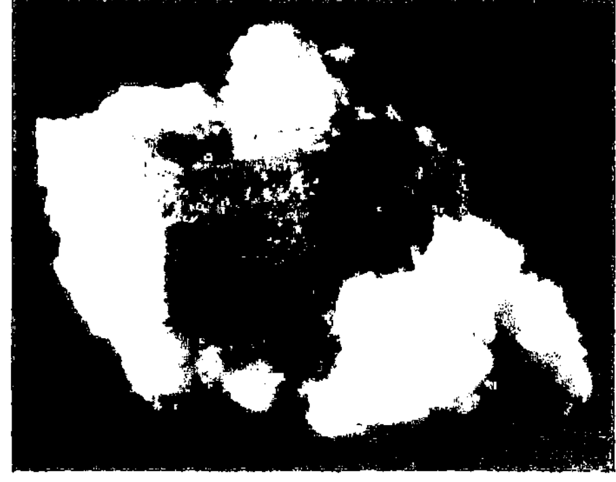

Abb. 2. Pyrrhotin (Magnetkies). Santa Eulalia, Mexico.
Bildausschnitt 60 × 80 mm

Abb. 1. Neptunit. San Benito County, California, USA.
Bildausschnitt 19 × 25 mm

Abb. 3. Amethyst. Guanajuato, Mexico.
Bildausschnitt 50 × 67 mm

Argentit. Eine der wertvollsten Raritäten aus der Gruppe der Erzmineralien stellt zweifellos ein idiomorpher, aufgewachsener Argentitkristall von mehr als drei Zentimetern dar. Er ist mit einem historischen Etikett versehen, das wohl aus dem letzten Jahrhundert stammt und den schon lange nicht mehr gebräuchlichen Namen „Glaserz" trägt.

Azurit. Zu den farbenprächtigsten Ausstellungsstücken gehören die Azurite, die in hervorragender Qualität von gleich drei verschiedenen klassischen Fundpunkten vorhanden sind. Eine Stufe von Tsumeb, Südwestafrika/Namibia, hat bis über 10 cm große frei aufgewachsene Kristalle. Weitere Stücke von Bisbee, Arizona, USA und Chessy bei Lion, Frankreich, sind besonders attraktiv durch die fotogene Anordnung ihrer Kristalle und die Verwachsung mit grünem Malachit und von Malachit bedeckten Cupritkristallen.

Adular. Unter den vielen Stücken aus den Alpen fällt besonders ein geradezu gigantischer Adularkristall von mehr als 20 cm Kantenlänge auf.

Anatas. Jedem Sammler alpiner Kluftminerale sind die Titandioxide Rutil, Anatas und Brookit besonders geläufig. Von allen drei Mineralarten finden sich reichlich Exemplare in der Kollektion. Eine mit bräunlichen Quarzen und kleinen Adularkristallen überkrustete Platte trägt ein wunderschönes Exemplar eines ca. 20 mm langen, braunrot durchscheinenden Anataskristalls.

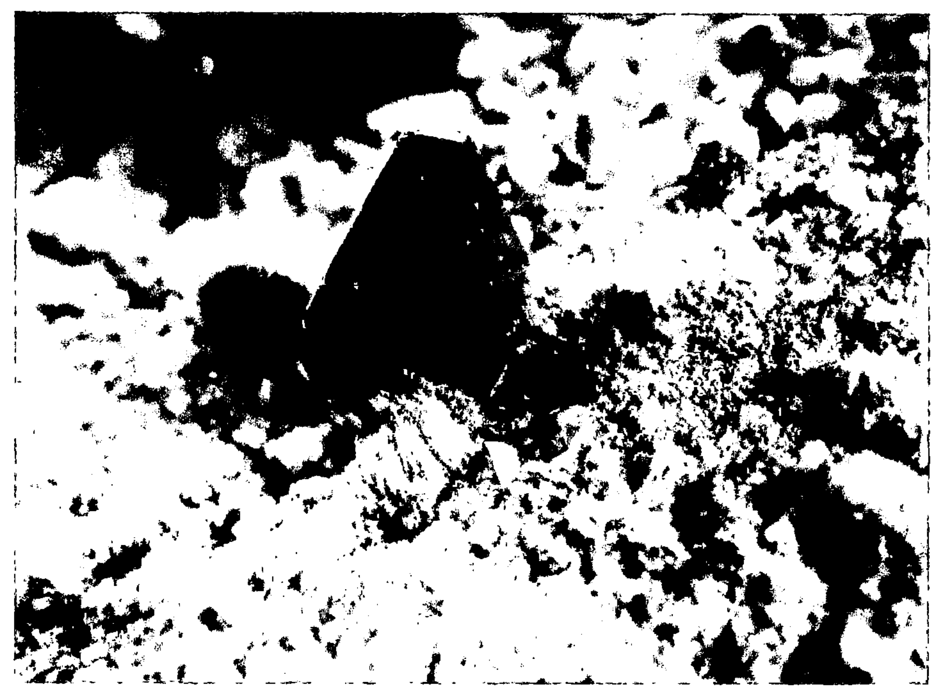

Ilvait. Neben zwei Stufen mit besonders großen Kristallen von Seriphos in Griechenland ist besonders eine große Platte von Quarzkristallen erwähnenswert, auf der mehrere Zentimeter lange hochglänzende Ilvaite sitzen. Sie stammt von der klassischen Lokalität bei Rio Marina auf Elba und ist eines der vielen außergewöhnlichen Stücke von dieser mineralreichen Insel.

Cuprit. Zu den aufregendsten Mineralfunden der Nachkriegszeit gehören zweifellos die herrlichen Cuprite von Onganja, Südwestafrika/ Namibia, die in ihrer Größe alles bis dahin Bekannte weit in den Schatten stellten. Sie sind auf weißen, millimetergroßen Calcitkriställchen aufgewachsen und von samtartigem Malachit überkrustet. Konrad Ferdinand Springer gelang es, eines der schönsten Stücke dieser Art, eine Gruppe von mehreren, ca. 5 cm großen Cupritkristallen auf einer ca. 20 cm großen Stufe für seine Sammlung zu erwerben.

Smaragd. Smaragd ist einer der wertvollsten Edelsteine überhaupt. Zu den größten Raritäten im Mineralreich gehören gut ausgebildete Smaragdkristalle oder Kristallgruppen auf Matrix. Eine solche Gruppe aus zahlreichen Einzelkristallen, deren größter ca. 2 mm mißt, stammt von der klassischen Lokalität Muzo in Kolumbien.

Smithsonit. Auffällige Farbtupfer in jeder gut sortierten Mineraliensammlung sind Smithsonite von Tsumeb, Südwestafrika/Namibia, von denen auch Konrad Ferdinand Springer zahlreiche Exemplare sein eigen nennen kann. Neben den gesuchten, intensiv rosafarbenen Spezies fällt besonders eine leuchtend grün gefärbte Kristallgruppe auf, die mit dem Varietätennamen „Herrerit" bezeichnet ist.

OLAF MEDENBACH

Nachwort

Dieter Czeschlik

Lieber Herr Dr. Springer

Eines derjenigen Dinge, auf die Sie bei den von Ihnen unmittelbar betreuten Beitragswerken stets großen Wert legen, ist der zusammenfassende Überblick am Ende des Buches.
Wie oft war ich Zeuge von Gesprächen, in denen Sie dem Herausgeber eines Beitragswerkes ganz besonders ans Herz legten, in einem Schlußkapitel die Informationen, Analysen und Erkenntnisse der einzelnen Beiträge in den großen Rahmen zu stellen, gleichsam den „roten Faden" des Buches an beiden Enden zu ergreifen und so zu verknüpfen, daß das Ganze ein „rundes Paket" werde und der Rahmen nicht nur einzig durch den harten Einband gegeben sei. So will auch ich dies hier versuchen und den Rahmen Ihres unmittelbaren verlegerischen Wirkens thematisch und auch mit einigen Zahlen abstecken. Ihrer eigenen Ausbildung entsprechend – in diesem Band mehrfach angesprochen – lag es nahe, daß Sie sich in Ihrer verlegerischen Tätigkeit besonders den exakten Naturwissenschaften widmen würden.

Die zahlreichen Kontakte zu Wissenschaftlern nicht nur im europäischen Raum, die Sie bereits während Ihrer Studienzeit knüpften, legten den Grundstein für einen starken Ausbau unseres Buch- und Zeitschriftenprogrammes vor allem in denjenigen Gebieten, denen Ihre Ausbildung – Biologie – und Ihr ein Hobby schon übersteigendes Interesse – Erdwissenschaften – gelten. Seit Beginn Ihrer Tätigkeit als geschäftsführender Mitinhaber des Verlages stehen Sie den Planungsabteilungen Biologie, Erdwissenschaften, Physik und Chemie vor. Damit betreuen Sie ein Verlagsprogramm, das sich derzeit in Zahlen folgendermaßen darstellt:

Biologie

28 Buchreihen mit derzeit insgesamt 358 lieferbaren Bänden; hinzu kommen weitere 260 lieferbare Einzelwerke. Diese Bücher haben eine Gesamtauflage von ca. 1,2 Millionen Exemplaren.
32 Zeitschriften ergänzen das Buchprogramm.

Erdwissenschaften

8 Buchreihen mit derzeit insgesamt 47 lieferbaren Bänden; hinzu kommen weitere 126 Einzelwerke. Gesamtauflagenhöhe: ca. 300 000 Exemplare.
9 Zeitschriften ergänzen dieses Programm.

Physik

23 Buchreihen mit derzeit insgesamt 747 lieferbaren Bänden; hinzu kommen weitere 117 Einzelwerke. Gesamtauflagenhöhe der derzeit lieferbaren Titel: fast 1,7 Millionen Exemplare.
12 Zeitschriften ergänzen das Programm.

Chemie

27 Buchreihen mit derzeit insgesamt 432 lieferbaren Bänden; hinzu kommen 92 Einzelwerke. Die Gesamtauflagenhöhe der in diesem Bereich lieferbaren Titel beträgt etwas mehr als 1 Million Exemplare. Hinzu kommen 4 Zeitschriften.

Die Gesamtzahl der derzeit lieferbaren Bücher in Ihrem Bereich der exakten Naturwissenschaften liegt somit bei 2177 Titeln (nicht eingerechnet die vielen Übersetzungen besonders ins Japanische, Russische, Spanische und Italienische, die zahlreiche der Lehrbücher im Verlaufe der letzten beiden Jahrzehnte erfahren haben).
Natürlich kann nicht gesagt werden, daß alle diese Buchreihen, Einzelwerke und Zeitschriften von Ihnen persönlich angeregt und ins Leben gerufen worden sind. Wer aber weiß – und dies kommt in einigen der Beiträge dieses Buches deutlich zum Ausdruck –, daß Sie ihre größte Befriedigung stets darin finden, Wissenschaftler in Ihren Instituten und Labors aufzusuchen und mit ihnen über ihre Arbeit (und natürlich Publikationsmöglichkeiten) zu sprechen, der wird sich denken können, daß die Anzahl derjenigen Titel, die direkt auf ihre „Geburtshilfe" zurückzuführen sind, sehr groß ist. Sehr oft auch schufen Sie einen ersten Kontakt, aus dem sich

nicht gleich eine Publikation entwickelte. Aber zahllose Briefe, mit dem Anfang: *„Sehr geehrter Herr Dr. Springer. Vielleicht erinnern Sie sich noch an unser Gespräch vor X Jahren, in dem Sie mich auf ein Buch über mein Arbeitsgebiet ansprachen und ich Ihnen einen Korb geben mußte. Nun hat die Forschung auf diesem Gebiet ein Plateau erreicht, das eine zusammenfassende Darstellung sinnvoll und notwendig macht. Hätten Sie noch Interesse ...“* zeugen von dreierlei: 1. Sie stellen stets das Gespräch über bestimmte Forschungsarbeiten weit über das reine „Suchen nach einer Publikation“ und haben niemals jemanden dazu überredet, ein Buch zu schreiben; 2. dieses Vorgehen (bei Ihnen von einer „Taktik“ zu sprechen, hieße, Sie völlig zu verkennen) schafft die Vertrauensbasis zwischen Verleger und potentiellem Autor, die den letzteren sich noch Jahre nach einem Gespräch, wenn die Zeit reif ist, an Sie erinnern und sich an Sie wenden läßt; 3. Sie haben stets ein absolut sicheres Gefühl dafür gezeigt, welches Forschungsgebiet sich in den kommenden Jahren entwickeln wird (H. Remmert und O.L. Lange haben dies am Beispiel der Ökologie sehr treffend in diesem Band beschrieben) und – für einen Verleger noch wichtiger –, *wer* auf diesem Gebiet in einigen Jahren zu den führenden Wissenschaftlern zählen wird. Sicherlich sind die Zeiten für das wissenschaftliche Verlegertum schwieriger geworden: eine fast exponentiell ansteigende Flut wissenschaftlicher Publikationen in den vergangenen Jahren steht immer knapperen Bibliotheksetats gegenüber, der immer raschere Fortschritt in der wissenschaftlichen Forschung führt zu immer kürzeren „Halbwertszeiten“ wissenschaftlicher Erkenntnisse und damit der Lebensdauer der entsprechenden Publikationen, neue Medien und Möglichkeiten der Speicherung wissenschaftlichen Faktenwissens weisen in eine Zukunft, auf die sich der Verleger beizeiten einstellen muß. Dies ändert aber nichts daran, daß Autor und Verleger Partner und zum erfolgreichen Gelingen einer Publikation aufeinander angewiesen sind, daß die Grundvoraussetzung hierfür ein Vertrauensverhältnis zwischen beiden ist, und daß dies von Verlegerseite her nur gelingen kann und wird, wenn der Verleger so wie Sie, lieber Herr Springer, mit seinem Partner, dem Wissenschaftler, eines gemeinsam hat: das tiefe Interesse an der Materie, über die es zu schreiben gilt.

DIETER CZESCHLIK

Autorenverzeichnis

Professor Dr. Dr.h.c. HANSJOCHEM AUTRUM, Zoologisches Institut der Universität, Luisenstraße 14, 8000 München 2

Dr. DIETER CZESCHLIK, Planung Biologie, Springer-Verlag, Tiergartenstraße 17, 6900 Heidelberg 1

Professor Dr. EGON T. DEGENS, Universität Hamburg, Geologisch-Paläontologisches Institut und Museum, Bundesstraße 55, 2000 Hamburg 13

Professor Dr. Dr.h.c. KARL ESSER, Ruhr-Universität Bochum, Lehrstuhl für Allgemeine Botanik, Postfach 102148, 4630 Bochum 1

Dr. phil. Dr.med.h.c. Dr.med.h.c. HEINZ GÖTZE, Mitinhaber des Springer-Verlages, Tiergartenstraße 17, 6900 Heidelberg 1

Dr. FRANCIS A. GUNTHER PhD (chem), University of California, Department of Entomology, Riverside, CA 92521, USA

JANE DAVIES GUNTHER, University of California, Department of Entomology, Riverside, CA 92521, USA

JOLANDA L. VON HAGEN, Geschäftsführer, 175 Fifth Avenue, New York, NY 10010, USA

Professor Dr. WALTER HEILIGENBERG, University of California at San Diego, Scripps Institution of Oceanography, A 002, La Jolla, CA 92093, USA

Professor Dr. JOCHEN HOEFS, Geochemisches Institut der Universität, Goldschmidtstraße 1, 3400 Göttingen

GÜNTER HOLTZ, Ostfeldstraße 26, 8173 Bad Heilbrunn

Professor Dr. OTTO KINNE, Ecology Institute, Nordbünte 30, 2124 Oldendorf-Luhe

Professor Dr. OTTO L. LANGE, Lehrstuhl für Botanik II der Universität Würzburg, Mittlerer Dallenbergweg 64, 8700 Würzburg

Professor Dr. Hans F. Linskens, Botanisch Laboratorium, Faculteit der Wiskunde en Natuurwetenschappen, Katholieke Universiteit, Toernooiveld, NL-6525 ED Nijmegen

Dr. Werner K. Maas PhD (zool), New York Medical Center, Department of Microbiology, 550 First Avenue, New York, NY 10016, USA

Dr. Olaf Medenbach, Institut für Mineralogie, Ruhr-Universität Bochum, Postfach 102148, 4630 Bochum 1

Dipl.-Kfm. Claus Michaletz, Mitinhaber des Springer-Verlages, Heidelberger Platz 3, 1000 Berlin 33

Mary Lou Motl, President, Custom Editorial Productions, Inc., Cincinnati, Ohio 45220, USA

Professor Dr. André Pirson, Pflanzenphysiologisches Institut der Universität, Untere Karspüle 2, 3400 Göttingen

Professor Dr. Hermann Remmert, Fachbereich Biologie-Zoologie der Universität, Postfach 1929, 3550 Marburg/Lahn

Heinz Sarkowski, Verlagsdirektor, Springer-Verlag, Tiergartenstraße 17, 6900 Heidelberg 1

Professor Dr. Hans G. Schlegel, Institut für Mikrobiologie der Universität, Grisebachstraße 8, 3400 Göttingen

Dr. Wilhelm Schwabl, Springer-Verlag Wien New York, Mölkerbastei 5, A-1011 Wien

Professor Dr. Tore E. Timell (DrTech), State University of New York, College of Environmental Science and Forestry, Syracuse, NY 13210, USA

Professor Dr. Karl H. Wedepohl, (Geschäftsführender Leiter), Geochemisches Institut der Universität, Goldschmidtstraße 1, 3400 Göttingen

Professor Dr. Hubert Ziegler, Institut für Botanik und Mikrobiologie der Technischen Universität München, Arcisstraße 21, 8000 München 2